Theoretische Physik kompakt I

Wolfgang Cassing

Theoretische Physik kompakt I

Klassische Mechanik

 Springer Spektrum

Wolfgang Cassing
Theoretische Physik
Justus-Liebig-Universität Gießen
Gießen, Hessen, Deutschland

ISBN 978-3-031-95415-3   ISBN 978-3-031-95416-0 (eBook)
https://doi.org/10.1007/978-3-031-95416-0

Die Deutsche Nationalbibliothek verzeichnet diese Publikation in der Deutschen Nationalbibliografie; detaillierte bibliografische Daten sind im Internet über https://portal.dnb.de abrufbar.

Übersetzung der englischen Ausgabe: „Theoretical Physics compact I" von Wolfgang Cassing, © The Editor(s) (if applicable) and The Author(s), under exclusive license to Springer Nature Switzerland AG 2025. Veröffentlicht durch Springer Nature Switzerland. Alle Rechte vorbehalten.
Deutsche Übersetzung der 1. englischen Originalauflage erschienen bei Springer-Verlag GmbH, DE, 2025

© Der/die Herausgeber bzw. der/die Autor(en), exklusiv lizenziert an Springer Nature Switzerland AG 2025

Das Werk einschließlich aller seiner Teile ist urheberrechtlich geschützt. Jede Verwertung, die nicht ausdrücklich vom Urheberrechtsgesetz zugelassen ist, bedarf der vorherigen Zustimmung des Verlags. Das gilt insbesondere für Vervielfältigungen, Bearbeitungen, Übersetzungen, Mikroverfilmungen und die Einspeicherung und Verarbeitung in elektronischen Systemen.
Die Wiedergabe von allgemein beschreibenden Bezeichnungen, Marken, Unternehmensnamen etc. in diesem Werk bedeutet nicht, dass diese frei durch jede Person benutzt werden dürfen. Die Berechtigung zur Benutzung unterliegt, auch ohne gesonderten Hinweis hierzu, den Regeln des Markenrechts. Die Rechte des/der jeweiligen Zeicheninhaber*in sind zu beachten.
Der Verlag, die Autor*innen und die Herausgeber*innen gehen davon aus, dass die Angaben und Informationen in diesem Werk zum Zeitpunkt der Veröffentlichung vollständig und korrekt sind. Weder der Verlag noch die Autor*innen oder die Herausgeber*innen übernehmen, ausdrücklich oder implizit, Gewähr für den Inhalt des Werkes, etwaige Fehler oder Äußerungen. Der Verlag bleibt im Hinblick auf geografische Zuordnungen und Gebietsbezeichnungen in veröffentlichten Karten und Institutionsadressen neutral.

Springer Spektrum ist ein Imprint der eingetragenen Gesellschaft Springer Nature Switzerland AG und ist ein Teil von Springer Nature.
Die Anschrift der Gesellschaft ist: Gewerbestrasse 11, 6330 Cham, Switzerland

Wenn Sie dieses Produkt entsorgen, geben Sie das Papier bitte zum Recycling.

Gewidmet Herrn Prof. Dr. Achim Weiguny

Vorwort

Dieses Buch bietet ein Lehrbuch über klassische Mechanik und eignet sich insbesondere für Bachelor-Studierende im ersten Studienjahr der Theoretischen Physik. Die mathematischen Voraussetzungen umfassen Kenntnisse der Differentiation und Integration, wobei mathematische Beweise so einfach wie möglich gehalten, jedoch dennoch stringent geführt werden. Elemente der linearen Algebra werden im Text ausführlich erklärt, wenn sie im Zusammenhang mit Koordinatentransformationen, Rotationen, Galilei- oder Lorentztransformationen benötigt werden.

Nach der Definition der physikalischen Größen, die in der Kinematik von Massenpunkten in Inertialsystemen von Interesse sind, werden die Transformationen zwischen verschiedenen Inertialsystemen hergeleitet. Nach diesen vorbereitenden Kapiteln wird die Newtonsche Dynamik formuliert und Beispiele zur Lösung der Bewegungsgleichungen vorgestellt. Des Weiteren wird der enge Zusammenhang zwischen Galilei-Invarianz und den Erhaltungssätzen von Impuls und Drehimpuls hervorgehoben. Bei konservativen Kräften kann eine potentielle Energie formuliert werden, die – zusammen mit der kinetischen Energie von Massenpunkten – die Energie des Systems bildet. Die Erhaltung der Gesamtenergie für ein abgeschlossenes System folgt auf einfache Weise. Anwendungen der Newtonschen Mechanik auf $1/r^2$-Kräfte führen zu Keplers Gesetzen für die Planetenbewegung und ein Gravitationsfeld für eine statische Massenverteilung kann definiert werden. Eine weitere wichtige Anwendung ist der harmonische Oszillator, der gedämpft oder durch eine äußere periodische Kraft angetrieben wird.

Da die Maxwell'schen Gleichungen der Elektrodynamik nicht Galilei-invariant sind, wird ein neues Transformationsgesetz abgeleitet (Lorentz-Transformation), das die Lichtgeschwindigkeit c in allen Inertialsystemen, die sich mit einer relativen Geschwindigkeit $v < c$ bewegen, invariant hält. Einige Konsequenzen wie Lorentzkontraktion, Zeitdilatation, Gleichzeitigkeit oder Kausalität von Ereignissen werden aufgezeigt. Mathematische Aspekte der Lorentz-Transformationen werden erläutert, und die relativistische Dynamik für Massenpunkte wird entsprechend abgeleitet. Es wird zudem gezeigt, dass die relativistischen Bewegungsgleichungen für kleine Geschwindigkeiten $v \ll c$ in die Newtonsche Dynamik übergehen.

Die formale Struktur der Mechanik wird im zweiten Teil dieses Buches behandelt, der auf eine algebraische Formulierung der Dynamik abzielt, die unabhängig von der speziellen Wahl der Koordinaten eines Beobachters ist. Nach der Einführung verallgemeinerter Koordinaten, die Einschränkungen des Teilchensystems berücksichtigen und die Einführung von Zwangskräften vermeiden, führen wir die Lagrange-Funktion und ein Variationsprinzip zur Ableitung der Lagrange-Gleichungen der Bewegung ein. Eine Legendre-Transformation der Lagrange-Funktion zur Hamilton-Funktion führt zu einer Beschreibung der Dynamik in Phasenraumvariablen, d. h. verallgemeinerte Koordinaten und Impulsen. Die Lagrange-Gleichungen der Bewegung gehen in die Hamilton-Gleichungen der Bewegung über, die durch Poisson-Klammern für die zeitliche Entwicklung einer Observable ausgedrückt werden können. Letztere erweisen sich als invariant gegenüber Punkttransformationen und erweiterten kanonischen Transformationen der Phasenraumvariablen, sodaß eine formale Formulierung der klassischen Mechanik erreicht wird, die den Weg zur Formulierung der Quantenmechanik, Kontinuumsmechanik und statistischen Mechanik ebnet.

In den Anhängen werden die relativistischen Lagrange- und Hamilton-Funktionen für charakteristische Probleme sowie numerische Algorithmen zur Differentiation und Integration vorgestellt. Außerdem werden Algorithmen unterschiedlicher Ordnung zur Lösung von Differentialgleichungen präsentiert.

Gießen
Oktober 2024

Wolfgang Cassing

Danksagung

Dieses Buch ist das Ergebnis der Zusammenarbeit mit vielen Studierenden und Mitarbeitern sowie Mitarbeiterinnen über etwa 35 Jahre gemeinsamer Lehre und Forschung. Es folgt den Entwürfen meines Lehrers Prof. Dr. Achim Weiguny, dem dieses Werk gewidmet ist. Besonderer Dank gilt meiner Tochter Marie für die Erstellung einiger Abbildungen und ihre hilfreichen Kommentare zur Notation und Präsentation.

Inhaltsverzeichnis

1	**Überblick**		1
	1.1	Einführung	1
	1.2	Die Newton'schen Axiome	5
2	**Kinematik**		7
	2.1	Grundbegriffe	8
		2.1.1 Geradlinige Bewegung	8
		2.1.2 Krummlinige Bewegung	9
		2.1.3 Krümmung von Bahnkurven	10
	2.2	Vektoren	12
		2.2.1 Definition	12
		2.2.2 Reelle Vektorräume	13
		2.2.3 Euklidische Vektorräume	14
		2.2.4 Basis und Dimension von Vektorräumen	15
	2.3	Orthogonale Transformation	18
		2.3.1 Vektoren in Mathematik und Physik	18
		2.3.2 Drehungen	18
		2.3.3 Spiegelung am Ursprung (Inversion)	19
		2.3.4 Vektoren und Skalare	21
		2.3.5 Nutzen der Vektorrechnung	21
	2.4	Kreisbewegungen	21
		2.4.1 Winkelgeschwindigkeit	21
		2.4.2 Vektorprodukt	23
		2.4.3 Winkelbeschleunigung	24
3	**Relativbewegung**		27
	3.1	Inertialsysteme	28
		3.1.1 Idee und Praxis	28
		3.1.2 Galilei'sches Relativitätsprinzip	28

		3.1.3	Galilei-Gruppe	30
	3.2	\multicolumn{2}{l}{Rotierende Bezugssysteme ....}	30
		3.2.1	Zielsetzung	30
		3.2.2	Gleichförmig rotierende Systeme	30
		3.2.3	Erläuterungen und Beispiele	32
		3.2.4	Verallgemeinerung	33
	3.3	\multicolumn{2}{l}{Schwerpunktsystem ....}	33
		3.3.1	Definition des Schwerpunktes	33
		3.3.2	Schwerpunktssystem	34
		3.3.3	Bestimmung des Schwerpunktes	35
		3.3.4	Stoß zweier Teilchen	36
		3.3.5	Reduzierte Masse	36

4 Dynamik 39

	4.1	Folgerungen aus den Newton'schen Axiomen	40
		4.1.1 Masse	40
		4.1.2 Kraft	41
		4.1.3 Bewegungsgleichungen	41
	4.2	Beispiele für die Lösung von Bewegungsgleichungen	42
		4.2.1 Geladenes Teilchen im homogenen elektrischen Feld	42
		4.2.2 Geladenes Teilchen im konstanten, homogenen Magnetfeld	44
		4.2.3 Freier Fall mit Berücksichtigung der Erdrotation	46
	4.3	Impuls und Drehimpuls	48
		4.3.1 Impuls	48
		4.3.2 Impulssatz und Galilei-Invarianz	49
		4.3.3 Beispiel: Rakete im schwerefreien Raum	50
		4.3.4 Drehimpuls	51
		4.3.5 Drehimpulserhaltung und Galilei-Invarianz	52
		4.3.6 Beispiele	53
		4.3.7 Äußerer und innerer Drehimpuls	54
		4.3.8 Austausch von Impuls und Drehimpuls beim Stoß zweier (oder mehrerer) Teilchen	56
	4.4	Energie	56
		4.4.1 Kinetische Energie und Arbeit	56
		4.4.2 Konservative Kräfte, potentielle Energie, Energiesatz	59
		4.4.3 Invarianzen von U; Separation der Schwerpunktsenergie	62
		4.4.4 Zwangskräfte; Reibungskräfte	64

5 Anwendungen der Newton-Mechanik 69
- 5.1 Zentralkräfte 70
  - 5.1.1 Reduktion der Freiheitsgrade 70
  - 5.1.2 Klassifikation der Bahnkurven 73
  - 5.1.3 $1/r^2$–Kräfte 75
- 5.2 Planetenbewegung; Gravitation 79
  - 5.2.1 Kepler-Gesetze 79
  - 5.2.2 Gravitationsgesetz 80
  - 5.2.3 Äquivalenz-Prinzip 81
  - 5.2.4 Beispiele 82
  - 5.2.5 Gravitationsfeld einer statischen Massenanordnung 83
- 5.3 Kleine Schwingungen 86
  - 5.3.1 Der lineare harmonische Oszillator 86
  - 5.3.2 Dämpfung 88
  - 5.3.3 Erzwungene Schwingungen; Resonanz 90
  - 5.3.4 Gekoppelte harmonische Schwingungen 93

6 Relativistische Mechanik 97
- 6.1 Spezielle Relativitätstheorie 98
  - 6.1.1 Lorentz-Transformation 98
  - 6.1.2 Herleitung der Lorentz-Transformation 99
  - 6.1.3 Raum-Zeit Diagramme 102
- 6.2 Konsequenzen der Lorentz-Transformationen 105
  - 6.2.1 Addition von Geschwindigkeiten 105
  - 6.2.2 Lorentz-Kontraktion 106
  - 6.2.3 Gleichzeitigkeit 107
  - 6.2.4 Zeitdilatation 108
  - 6.2.5 Kausalität und Grenzgeschwindigkeit von Signalen 108
  - 6.2.6 Beispiele und Erläuterungen 109
- 6.3 Mathematische Aspekte der Lorentz -Transformationen 111
  - 6.3.1 Lorentz-Gruppe 111
  - 6.3.2 Lorentz-Skalare, -Vektoren, -Tensoren 113
  - 6.3.3 Viererstromdichte 115
- 6.4 Relativistische Dynamik 116
  - 6.4.1 Impuls und Energie 116
  - 6.4.2 Stoßprobleme 120
  - 6.4.3 Bewegungsgleichungen 122
  - 6.4.4 Lorentz-Transformation der Kraft 124

7 Formaler Aufbau der Mechanik ... 127
- 7.1 Generalisierte Koordinaten ... 128
  - 7.1.1 Zwangsbedingungen ... 128
  - 7.1.2 Bewegungsgleichungen in generalisierten Koordinaten ... 129
  - 7.1.3 Konservative Kräfte ... 131
  - 7.1.4 Beispiele ... 132
  - 7.1.5 Geschwindigkeitsabhängige Kräfte ... 136
- 7.2 Das Hamilton'sche Variationsprinzip ... 137
  - 7.2.1 Variationsprinzip und Eulersche Gleichungen ... 137
  - 7.2.2 Kanonische Gleichungen ... 139
  - 7.2.3 Beispiele ... 142
- 7.3 Symmetrien und Erhaltungssätze ... 145
  - 7.3.1 Zyklische Variable ... 145
  - 7.3.2 Translationsinvarianz und Impulssatz ... 146
  - 7.3.3 Rotationsinvarianz und Drehimpulssatz ... 146
  - 7.3.4 Zeit-Translation und Energiesatz ... 147

8 Anwendungen des Lagrange-Formalismus ... 151
- 8.1 Bewegungen starrer Körper ... 151
- 8.2 Kinetische Energie und Trägheitstensor ... 153
- 8.3 Drehimpuls ... 156
- 8.4 Die Euler'schen Gleichungen ... 158
- 8.5 Die Euler'schen Winkel ... 160
- 8.6 Die Lagrangegleichungen des starren Körpers ... 162

9 Dynamik im Phasenraum ... 165
- 9.1 Zeitliche Änderung einer Observablen ... 166
- 9.2 Eigenschaften der Poisson Klammern ... 167
- 9.3 Kanonische Transformationen ... 169
  - 9.3.1 Punkttransformationen ... 170
  - 9.3.2 Beispiele ... 171
- 9.4 Erweiterte kanonische Transformationen ... 173
  - 9.4.1 Erzeugende der kanonischen Transformationen ... 176
  - 9.4.2 Die erzeugenden Funktionen im Überblick ... 181
  - 9.4.3 Kanonische Invarianten ... 183
  - 9.4.4 Kriterien für kanonische Transformationen ... 185
- 9.5 Theorem von Liouville ... 187

10 Anhänge ... 191
- 10.1 Relativistische Mechanik ... 191
  - 10.1.1 Lagrange-Funktion für ein relativistisches Teilchen ... 192
  - 10.1.2 Hamilton-Funktion für ein relativistisches Teilchen ... 193
- 10.2 Kontinuumsmechanik ... 193

	10.2.1	Lagrange-Funktion für die schwingende Saite	193
	10.2.2	Hamilton-Funktion für die schwingende Saite	195
10.3	Numerische Verfahren		196
	10.3.1	Differentiation	196
	10.3.2	Integration	197
	10.3.3	Gewöhnliche Differentialgleichungen	198

Stichwortverzeichnis 203

Abbildungsverzeichnis

Abb. 2.1	Illustration für die geradlinige Bewegung in einer einzigen Dimension (entlang der x-Achse)	8
Abb. 2.2	Illustration für eine kreisförmige Bewegung, wenn der Ursprung des Koordinatensystems nicht in der Bewegungsebene liegt	22
Abb. 2.3	Richtung der Winkelgeschwindigkeit $\vec{\omega}$ (rechtshändig)	23
Abb. 2.4	Illustration des Parallelogramms, das durch die Vektoren $\vec{a}$ und $\vec{b}$ gebildet wird	24
Abb. 2.5	Position eines Massenpunktes, der auf der Erdoberfläche fixiert ist	26
Abb. 3.1	Geschwindigkeitsvektoren und Positionen vor (links) und nach dem Zusammenstoß (rechts)	36
Abb. 4.1	Fläche F, die durch 2 benachbarte Ortsvektoren $\vec{r}$ und $\vec{r} + \Delta\vec{r}$ aufgespannt wird	54
Abb. 4.2	Illustration zweier unterschiedlicher Wege, die beide die Punkte a und b verbinden	59
Abb. 5.1	Beispiel für ein Potential U_{eff} das überall positiv ist und mit r abnimmt	73
Abb. 5.2	Beispiel für ein Potential das nur gebundene Zustände erlaubt	73
Abb. 5.3	Beispiel für ein Potential das sowohl gebundene Zustände ($E < 0$) als auch Streuzustände erlaubt ($E > 0$)	74
Abb. 5.4	Beispiel für ein Potential mit ungebundenen Zuständen für beliebiges $r \geq 0$ and $E > U_m$. Für $0 \leq E < U_m$ treten sowohl gebundene als auch ungebundene Zustände auf, während für $E < 0$ nur gebundene Zustände auftreten	74
Abb. 5.5	Fall einer Ellipse, d. h. einem gebundenen Zustand mit $E < 0$. Der Schwerpunkt liegt im Brennpunkt B	77

Abb. 5.6	Zweig einer Hyperbel, die den Ursprung $r = 0$ umfasst und einem ungebundenen Zustand mit $E > 0$ entspricht. Der Schwerpunkt liegt im Brennpunkt B'	78
Abb. 5.7	Komplementärer Zweig einer Hyperbel, der nicht den Ursprung $r = 0$ umfasst und einem ungebundenen Zustand mit $E > 0$ entspricht. Der Schwerpunkt liegt im Brennpunkt B	78
Abb. 5.8	Felflinien des Gravitationsfeldes und Äquipotentialflächen im Fall eines einzelnen Massenpunktes im Zentrum	84
Abb. 5.9	Illustration der Polarkoordinaten für das Volumenintegral im Falle einer homogenen Kugel	85
Abb. 5.10	Energie Bilanz beim harmonischen Oszillator	87
Abb. 5.11	Koordinaten im Falle des Fadenpendels	87
Abb. 5.12	Zeitabhängigkeit der Amplitude $x(t)$ im Falle eines schwach gedämpften Oszillators	89
Abb. 5.13	Die Phase $\varphi(\omega)$ für den getriebenen Oszillator	91
Abb. 5.14	Die Amplitude $\xi(\omega)$ für den getriebenen Oszillator	91
Abb. 5.15	Zwei Teilchen mit Massen m_1 und m_2 sind durch eine Feder mit Stärke k gekoppelt und über Federn der Stärke k_1 und k_2 mit den Wänden verbunden	93
Abb. 6.1	Raum-Zeit Diagramm mit der Aufspaltung in Vergangenheit und Zukunft sowie in raumartige und zeitartige Bereiche	103
Abb. 6.2	Illustration einer Lorentz Transformation in x-Richtung mit Geschwindigkeit β. Die x_0 und x_1 Achsen sind geneigt um den Winkel α definiert durch $\tan \alpha = \beta$ in Σ'	105
Abb. 6.3	Für einen Beobachter in Σ' ist die Längenskala durch den Abstand OA' gegeben, während für einen Beobachter in Σ die Längenskala verkürzt erscheint durch den Abstand OB	110
Abb. 6.4	Streuung eines Photons an einem ruhenden Elektron. Der Impuls des Elektrons nach dem Stoß ist $\vec{P}$ und der Streuwinkel des Photons ist θ	121
Abb. 7.1	Wahl der Koordinaten für eine Bewegung in der Ebene	133
Abb. 7.2	Ebenes Pendel der Länge l	134
Abb. 7.3	Illustration der Atwood'schen Fallmaschine mit einem Seil der Länge l	134
Abb. 7.4	Perle auf einem rotierenden Draht	135
Abb. 7.5	Illustration einer tatsächlichen Bahn und einer Nachbarbahn, die beide durch dieselben Punkte zu den Zeiten t_1 und t_2 laufen	138
Abb. 8.1	Inertial System mit den Achsen x_I, y_I, z_I	152
Abb. 8.2	Körperfestes Koordinatensystem mit den Achsen x, y, z	152
Abb. 8.3	Euler Winkel und Drehungen (siehe Text)	160
Abb. 8.4	Rotation eines schweren Kreisels (siehe Text)	162

Abb. 10.1	Illustration der Schwingung einer linearen Kette von Massenpunkten mit gleichem Abstand	193
Abb. 10.2	Illustration einer schwingenden Seite im Kontinuumslimes	194

Überblick 1

Inhaltsverzeichnis

1.1 Einführung 1
1.2 Die Newton'schen Axiome 5

1.1 Einführung

Die Beschreibung von Phänomenen in unserer täglichen Welt ist ein heikles Problem, da jeder seinen persönlichen Standpunkt hat und verschiedene Beobachter desselben Phänomens manchmal unterschiedliche Beschreibungen liefern, die von persönlichen Vorlieben geleitet werden. Selbst die Beschreibung von stationären Objekten hängt von der Position des Beobachters, dem Betrachtungswinkel und der relativen Bewegung des Beobachters ab, der sich möglicherweise in einem Auto oder Zug befindet oder in einem rotierenden System lokalisiert ist. Darüber hinaus sind nicht alle Phänomene in unserem täglichen Leben Gegenstand einer physikalischen Beschreibung und physikalische ‚Objekte' müssen ordnungsgemäß definiert werden. Eine weitere zwingende Anforderung ist, daß Beobachtungen von Beobachtern in verschiedenen Systemen einigen Transformationsregeln folgen müssen, damit sie eindeutig feststellen können, ob ihre Beobachtungen unterschiedlich oder identisch sind. Eine mathematische Beschreibung ist erforderlich um ‚identische' Ergebnisse eindeutig zu definieren.

In diesem Buch beginnen wir mit den einfachsten Systemen, d. h. der Bewegung von Massenpunkten im Raum und in der Zeit und ihren Bahnen unter dem Einfluss von Kräften. Die mathematischen Werkzeuge werden Differentiation und Integration in kartesischen Koordinatensystemen eines dreidimensionalen reellen Vektorraums sein, die verwendet werden um physikalische Größen wie Inertialsysteme, Geschwindigkeit, Beschleunigung, Kraft, Impuls, Drehimpuls oder Energie eindeutig zu definieren. Eine kurze Einführung in euklidische Vektorräume wird gegeben und lineare Transformationen (wie Rotationen) werden durch geeignete 3 × 3 Matrizen beschrieben. Dies ermöglicht auch eine stringente Formulierung der Kinematik im Falle einer Kreisbewegung.

Sobald die physikalischen Größen definiert sind, bleibt zu klären unter welchen Bedingungen Beobachter in verschiedenen Inertialsystemen – die sich mit einer konstanten Geschwindigkeit $\vec{v}_0$ relativ zueinander bewegen – ihre Beobachtungen als identisch erachten können. Dies führt uns zum Galileischen Relativitätsprinzip und zur Galilei-Gruppe der Transformationen. Von besonderem Interesse sind rotierende Systeme und Schwerpunktsysteme, die ausführlich diskutiert werden. Nach dieser Vorbereitungsarbeit werden wir in der Lage sein, Kräfte zu definieren und Newton's Bewegungsgleichungen abzuleiten; deren Lösung liefert die Bahn eines Massenpunkts im Raum und in der Zeit. Beispiele für charakteristische Probleme werden vorgestellt und die expliziten Lösungen im Detail abgeleitet. Es wird sich herausstellen, daß es anstelle von Geschwindigkeiten oder Winkelgeschwindigkeiten vorteilhafter ist, Impulse und Drehimpulse von Teilchen einzuführen, da für geschlossene Systeme – ohne externe Kräfte – der Gesamtimpuls eine Bewegungskonstante ist. Dies gilt auch für den Drehimpuls, wenn kein externes Drehmoment auf das System wirkt. Als Nächstes betrachten wir den Zusammenhang zwischen der von einer Kraft auf ein Teilchen entlang seiner Bahn verrichteten Arbeit und der kinetischen Energie. Im Falle konservativer Kräfte können wir eine potentielle Energie $U(\vec{r})$ einführen, die es ermöglicht die Kraft durch ihren negativen Gradienten zu berechnen. Dann kann die Energie des Systems durch die Summe von kinetischer und potentieller Energie definiert werden und – für geschlossene Systeme – stellt sich heraus, daß sie ebenfalls eine erhaltene Größe ist.

Wir setzen fort mit Anwendungen der Newtonschen Mechanik für Zentralkräfte, bei denen das Potential U nur von der Größe des relativen Abstands $|\vec{r}_1 - \vec{r}_2|$ zwischen zwei Massenpunkten abhängt. In diesem Fall gelten die Erhaltung von Impuls, Drehimpuls und Energie, was die Anzahl der freien Freiheitsgrade drastisch reduziert. Ein wichtiger Fall sind $1/r^2$-Kräfte, die für Coulomb – und Gravitationskräfte gelten; wir werden die Bahnen nach ihrer Energie klassifizieren und Kepler's Gesetze für die Bewegung der Planeten ableiten. In Erweiterung wird das Gravitationsgesetz abgeleitet und Gravitationsfelder werden für statische Massenverteilungen eingeführt. Darüber hinaus wird die Dynamik eines linearen Oszillators diskutiert – ein weiteres wichtiges physikalisches System – und die Lösungen werden aus den Bewegungsgleichungen auch im Falle zusätzlicher Reibungskräfte berechnet. Der Fall eines gedämpften Oszillators, der von einer externen periodischen Kraft angetrieben wird, führt zur Bildung von Resonanzen, die im Detail analysiert werden. Darüber hinaus wird das Problem gekoppelter harmonischer Schwingungen behandelt, das für die Schwingungsmoden in Kristallen charakteristisch ist.

Bisher haben wir die klassische Newtonsche Mechanik eingeführt, die jedoch andere Transformationseigenschaften aufweist als Maxwell's Gleichungen für die Elektrodynamik. Diese Unvereinbarkeit wurde in Einsteins spezieller Relativitätstheorie gelöst. Wir müssen daher die Galilei-Transformation zwischen Inertialsystemen durch die Lorentz-Transformation ersetzen, die die Lichtgeschwindigkeit c in allen Inertialsystemen invariant hält. Wir werden die Lorentz-Transformation explizit ableiten (in einem einfachen Fall)

1.1 Einführung

und ihre Auswirkungen diskutieren: Lorentz-Kontraktion, Zeitdilatation, Gleichzeitigkeit in bewegten Systemen sowie Kausalität und die Grenzgeschwindigkeit von Signalen. Einige mathematische Aspekte der Lorentz-Gruppe der Transformationen werden diskutiert und Lorentz-Skalare, Vierer-Vektoren und Lorentz-Tensoren werden ebenso identifiziert wie entsprechende physikalische Größen wie Vierer-Stromdichten. Wir schließen die Diskussion der relativistischen Dynamik mit der Einführung des Energie-Impuls Vierer-Vektors ab, der in allen vier Komponenten für geschlossene Systeme erhalten bleibt. Als Beispiel für Streuprobleme wird die Compton-Streuung eines Photons an einer ruhenden Ladung q explizit berechnet. Die Ableitung der Lorentz-Transformation der Kraft schließt dieses Kapitel ab.

Die Bewegungsgleichungen können auf verschiedene Weisen geschrieben werden – abhängig von der Wahl der Koordinaten – und im Prinzip sind alle unabhängigen Wahlmöglichkeiten gleichberechtigt. Allerdings erleichtern einige Wahlmöglichkeiten die Lösung der Bewegungsgleichungen und andere können schwerwiegende Probleme verursachen. Es ist daher von allgemeinem Interesse, ‚optimale' Koordinaten für die Beschreibung zu finden, was auch praktisch hilfreich ist, wenn das System Zwangsbedingungen unterliegt, die die Einführung von Zwangskräften erfordern, welche oft schwer zu definieren sind. Es ist daher sinnvoll generalisierte Koordinaten zu definieren, die die Zwangsbedingungen erfüllen und auch die Komplexität des Problems – durch Reduzierung der Anzahl der (linear unabhängigen) Freiheitsgrade – verringern. Die Bewegungsgleichungen in generalisierten Koordinaten werden aus Newtons Bewegungsgleichungen abgeleitet. Es stellt sich heraus, daß diese Gleichungen auch durch ein Variationsprinzip erzeugt werden können, das eine Lagrange Funktion L spezifiziert, die durch die Differenz zwischen der kinetischen und potentiellen Energie im Falle konservativer Kräfte gegeben ist. Eine wichtige Folge ist, daß die Lagrange-Bewegungsgleichungen auch auf andere Bereiche der Physik angewendet werden können. Generalisierte Impulse werden durch die Ableitung der Lagrange-Funktion nach der generalisierten Geschwindigkeit definiert. Dementsprechend, wenn die Lagrange-Funktion nicht von einer spezifischen Koordinate abhängt, z. B. dem Azimutwinkel φ, ist der entsprechende generalisierte Impuls (hier Drehimpuls) eine Erhaltungsgröße. Dies legt nahe die Formulierung in Phasenraumvariablen umzuwandeln, die durch Koordinaten und ihre zugehörigen Impulse gegeben sind, was durch eine Legendre-Transformation erreicht wird, welche die Hamilton-Funktion H definiert. Im Falle konservativer Kräfte gibt diese gerade die Energie des Systems in Phasenraumvariablen an. Das Variationsprinzip kann daher in Form von Hamilton's (äquivalentem) Variationsprinzip umformuliert werden, das die kanonischen Bewegungsgleichungen liefert. Letztere werden anhand einiger Beispiele veranschaulicht. Darüber hinaus wird gezeigt, daß für ein geschlossenes System die Translationsinvarianz zur Erhaltung des Gesamtimpulses, die Rotationsinvarianz zur Erhaltung des Gesamtdrehimpulses und die Invarianz bezüglich der Zeittransformationen zur Erhaltung der Gesamtenergie führt.

Anwendungen des Lagrange-Formalismus werden für die Bewegung von starren Körpern vorgestellt, was auf die Definition eines Trägheitstensors führt. Die Eigenvektoren und Eigenwerte dieses Tensors definieren jeweils die Hauptträgheitsachsen und die Hauptträgheitsmomente. Aus der Lagrange Funktion für den starren Körper leiten wir die Euler'schen Bewegungsgleichungen ab, die für den Fall eines schweren symmetrischen Kreisels gelöst werden.

Obwohl der Lagrange-Formalismus eine effiziente Methode zur Lösung komplexer Probleme ist, ist es vorteilhaft die Dynamik in Phasenraumvariablen, d. h. in generalisierten Koordinaten und generalisierten Impulsen, zu formulieren. In diesem Fall wird die Zeitentwicklung einer beobachtbaren Größe, die nicht explizit von der Zeit abhängt, durch Poisson-Klammern gegeben, die durch die Ableitung der beobachtbaren Größe und der Hamilton Funktion nach den Phasenraumvariablen bestimmt werden. Die elementare Poisson-Klammer zwischen generalisierten Koordinaten und generalisierten Impulsen stellt sich als ‚Eins' für assoziierte Paare heraus und ihre Zeitentwicklung wird durch die Poisson-Klammer mit der Hamilton-Funktion, d. h. durch die kanonischen Bewegungsgleichungen gegeben. Die Poisson-Klammern ermöglichen daher eine algebraische Formulierung der Dynamik.

Allerdings ist die Wahl der generalisierten Koordinaten nicht eindeutig und umkehrbare Transformationen zwischen den Koordinaten sind erlaubt. Aber nicht alle Transformationen sind sinnvoll, da einige Transformationen zu Bewegungsgleichungen führen können, die nicht mehr kanonisch sind. Erlaubte Transformationen werden dann durch Punkt-Transformationen und erweiterte kanonische Transformationen gegeben, die die Bewegungsgleichungen kanonisch invariant halten. Darüber hinaus wird gezeigt, daß die elementaren Poisson-Klammern invariant hinsichtlich kanonischer Transformationen sind, so daß die Formulierung der klassischen Mechanik erreicht wird, die unabhängig von der Wahl der generalisierten Koordinaten ist. Dies ebnet den Weg zur Quantenmechanik, wo die Poisson-Klammern durch Kommutatoren von Operatoren in einem abstrakten Hilbertraum ersetzt werden. Weiterhin führt diese Dynamik auch zu einer stringenten Formulierung der statistischen Mechanik, in der das physikalische System – im Gleichgewicht – durch Gesamtheiten beschrieben wird, deren Eigenschaften durch Erwartungswerte von erhaltenen Observablen definiert sind.

In den Anhängen werden einige nützliche Erweiterungen vorgestellt: die Lagrange und Hamilton-Funktionen für relativistische Systeme sowie für die Kontinuums-Mechanik. Wir schließen mit der Bereitstellung numerischer Algorithmen für Differentiation und Integration sowie für die numerische Lösung von einem Satz von Differentialgleichungen.

1.2 Die Newton'schen Axiome

Ausgangspunkt für die klassische nichtrelativistische Mechanik[1] sind die **Newton'schen Axiome** für die Bewegung eines Massenpunktes der Masse m unter dem Einfluß einer Kraft $\vec{F}$. Unter einem Massenpunkt wollen wir im Folgenden einen starren Körper verstehen, der keine **inneren** Freiheitsgrade besitzt und lediglich Translationen (Verschiebungen) und Rotationen (Drehungen) durchführen kann.

Die Newton'schen Axiome lauten explizit:

- **1. Axiom**

> In einem **Inertialsystem** bewegt sich ein **freies** Teilchen **geradlinig gleichförmig.**

- **2. Axiom**

> Der Bewegungszustand eines Teilchens der Masse m ändert sich unter dem Einfluß einer **Kraft** $\vec{F}$ gemäß
> $$m\frac{d^2}{dt^2}\vec{r} = \vec{F}$$

- **3. Axiom**

> Für die Wechselwirkung zwischen 2 Massenpunkten gilt das **Prinzip von Actio = Reactio**, d. h.
> $$\vec{F}_{12} = -\vec{F}_{21} \; ,$$
> wenn $\vec{F}_{12}$ die von Teilchen 1 auf Teilchen 2 ausgeübte Kraft ist.

---

[1] Unter **nichtrelativistisch** bezeichnen wir alle physikalischen Systeme, die sich mit Geschwindigkeiten $v \ll c$ zueinander bewegen, wobei $c \approx 300.000$ km/s die Lichtgeschwindigkeit bezeichnet.

- **4. Axiom**

> Wirken auf einen Massenpunkt 2 Kräfte $\vec{F}_a$ und $\vec{F}_b$, so ist als resultierende Kraft
>
> $$\vec{F} = \vec{F}_a + \vec{F}_b$$
>
> in die Bewegungsgleichung einzusetzen (**Superpositionsprinzip** der Kräfte).

Die Begriffe **freies** Teilchen, **Inertialsystem** sowie **Kraft** bedürfen der mathematischen Präzision. Sinnvoll wird eine physikalische Begriffsbildung immer dann sein, wenn die getroffenen Aussagen unabhängig vom Beobachter sind, d. h. Messungen in verschiedenen Bezugssystemen miteinander verglichen und als identisch bestätigt werden können. Als mathematische Hilfsmittel – zur Vergleichbarkeit von Messungen – dienen in der Mechanik die Vektorrechnung und die Theorie der Differentialgleichungen. Zunächst ist es jedoch zweckmäßig, eine Reihe von einfachen (auch der natürlichen Anschauung entsprechenden) Begriffen einzuführen.

Kinematik 2

Inhaltsverzeichnis

2.1	Grundbegriffe	8
	2.1.1 Geradlinige Bewegung	8
	2.1.2 Krummlinige Bewegung	9
	2.1.3 Krümmung von Bahnkurven	10
2.2	Vektoren	12
	2.2.1 Definition	12
	2.2.2 Reelle Vektorräume	13
	2.2.3 Euklidische Vektorräume	14
	2.2.4 Basis und Dimension von Vektorräumen	15
2.3	Orthogonale Transformation	18
	2.3.1 Vektoren in Mathematik und Physik	18
	2.3.2 Drehungen	18
	2.3.3 Spiegelung am Ursprung (Inversion)	19
	2.3.4 Vektoren und Skalare	21
	2.3.5 Nutzen der Vektorrechnung	21
2.4	Kreisbewegungen	21
	2.4.1 Winkelgeschwindigkeit	21
	2.4.2 Vektorprodukt	23
	2.4.3 Winkelbeschleunigung	24

In diesem Kapitel werden wir die Bewegung von Massenpunkten im Raum und in der Zeit und ihre Bahnen durch Vektoren $\vec{r}(t)$, $\vec{v}(t)$ und $\vec{a}(t)$ beschrieben. Die mathematischen Werkzeuge sind Differentiation in kartesischen oder polaren Koordinatensystemen eines dreidimensionalen reellen Vektorraums, der verwendet wird um physikalische Größen wie Inertialsysteme, Geschwindigkeit, Beschleunigung, Winkelgeschwindigkeit oder Winkelbeschleunigung eindeutig zu definieren. Eine kurze Einführung in euklidische Vektorräume wird gegeben und lineare Transformationen (wie Drehungen) werden durch geeignete 3× 3 Matrizen beschrieben. Dies ermöglicht eine stringente Formulierung der Kinematik auch im Falle von Kreisbewegungen.

2.1 Grundbegriffe

2.1.1 Geradlinige Bewegung

Zur Beschreibung der geradlinigen Bewegung wählen wir ein kartesisches Koordinatensystem so, daß sich der Massenpunkt z. B. längs der x-Achse bewegt (siehe Abb. 2.1).

Der Bewegungsablauf ist durch die Position x des Massenpunktes zum Zeitpunkt t ($x = x(t)$) vollständig bestimmt.

Def.: Mittlere Geschwindigkeit

$$v_m = \frac{x(t') - x(t)}{t' - t} = \frac{\Delta x}{\Delta t}. \tag{2.1}$$

Dabei ist Δx die Verschiebung während der Zeit Δt.

Falls $x(t)$ nach t differenzierbar ist:

Def.: Geschwindigkeit v

$$v = \lim_{\Delta t \to 0} \frac{\Delta x}{\Delta t} = \frac{dx}{dt}. \tag{2.2}$$

Bleibt die Geschwindigkeit v während der gesammten Bewegung konstant, ist also v unabhängig von t, so nennen wir die Bewegung **geradlinig gleichförmig.**

Def.: Mittlere Beschleunigung

$$a_m = \frac{v(t') - v(t)}{t' - t} = \frac{\Delta v}{\Delta t}. \tag{2.3}$$

Voraussetzung: $x(t)$ ist mindestens zweifach nach t differenzierbar.

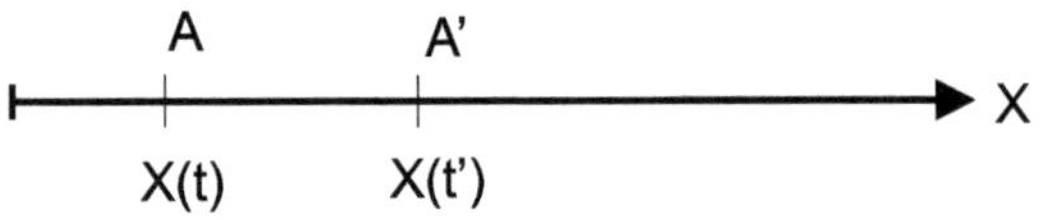

Abb. 2.1 Illustration für die geradlinige Bewegung in einer einzigen Dimension (entlang der x-Achse)

Def.: Beschleunigung

$$a = \lim_{\Delta t \to 0} \frac{\Delta v}{\Delta t} = \frac{dv}{dt} = \frac{d^2 x}{dt^2}. \tag{2.4}$$

Ist $a \neq 0$ von der Zeit t unabhängig, so nennen wir die Bewegung **gleichmäßig beschleunigt**.

2.1.2 Krummlinige Bewegung

Die momentane Position eines Teilchens auf seiner Bahnkurve (in 3 räumlichen Dimensionen) beschreiben wir durch seine Koordinaten x, y, z in einem **kartesischen** Koordinatensystem. Sie definieren einen **Ortsvektor**

$$\vec{r} = \begin{pmatrix} x \\ y \\ z \end{pmatrix}, \tag{2.5}$$

der vom Koordinatenursprung zur Position P des Teilchens zeigt. Der Bewegungsablauf wird dann festgelegt durch die Funktionen

$$x = x(t), \ y = y(t), \ z = z(t) \tag{2.6}$$

oder in Vektor-Schreibweise

$$\vec{r} = \vec{r}(t). \tag{2.7}$$

Def.: Mittlere Geschwindigkeit

$$\vec{v}_m = \frac{\vec{r}(t') - \vec{r}(t)}{t' - t} = \frac{\Delta \vec{r}}{\Delta t} = \begin{pmatrix} \frac{\Delta x}{\Delta t} \\ \frac{\Delta y}{\Delta t} \\ \frac{\Delta z}{\Delta t} \end{pmatrix}. \tag{2.8}$$

Sie wird dargestellt durch einen Vektor in Richtung des **Verschiebungsvektors** $\Delta \vec{r}$.

Sind die Funktionen $x(t), y(t), z(t)$ differenzierbar nach t, so ergibt sich die **Geschwindigkeit:**

$$\vec{v} = \begin{pmatrix} v_x \\ v_y \\ v_z \end{pmatrix} = \lim_{\Delta t \to 0} \frac{\Delta \vec{r}}{\Delta t} = \frac{d\vec{r}}{dt}. \tag{2.9}$$

Die Geschwindigkeit $\vec{v}$ wird dargestellt durch einen Vektor in Richtung der Tangente an die Bahnkurve im Punkt P.

Die **Länge des Ortsvektors** $\vec{r}$ ist gegeben durch:

$$|\vec{r}| = r = \sqrt{x^2 + y^2 + z^2}, \tag{2.10}$$

der **Betrag der Geschwindigkeit** analog durch:

$$v = \sqrt{v_x^2 + v_y^2 + v_z^2}. \tag{2.11}$$

Sind die Funktionen $v_x(t)$, $v_y(t)$, $v_z(t)$ nach t differenzierbar, gilt für die **Beschleunigung** $\vec{a}$:

$$\vec{a} = \lim_{\Delta t \to 0} \frac{\Delta \vec{v}}{\Delta t} = \frac{d\vec{v}}{dt}. \tag{2.12}$$

Bemerkung Höhere als 2. Ableitungen der Bahnkurve $\vec{r}(t)$ nach t werden nicht benötigt, da in den Newton'schen Bewegungsgleichungen höchstens 2. Ableitungen auftreten.

2.1.3 Krümmung von Bahnkurven

Die **Geschwindigkeit** $\vec{v}$ ist ein Vektor in Richtung der Tangente an die Bahnkurve. Wir können daher schreiben

$$\vec{v}(t) = v(t)\vec{e}_T(t); \qquad \vec{e}_T(t) = \frac{\vec{v}(t)}{|\vec{v}(t)|}, \tag{2.13}$$

mit $\vec{e}_T$ als **Einheitsvektor** in Richtung der jeweiligen Tangente an die Bahnkurve.

Die **Beschleunigung** $\vec{a}$ (nach der Produktregel der Differentiation) ist dann:

$$\vec{a} = \frac{d}{dt}(v(t)\vec{e}_T(t)) = \underbrace{\frac{dv}{dt}\vec{e}_T}_{1.} + \underbrace{v\frac{d\vec{e}_T}{dt}}_{2.}. \tag{2.14}$$

2.1 Grundbegriffe

Die Beschleunigung kann daher aufgeteilt werden in die

1. **Tangentialkomponente** ($\sim \vec{e}_T(t)$)
   Die Änderung des Betrages von $\vec{v}$ ist dann:
   $$\vec{a}_T = \frac{dv}{dt}\vec{e}_T \tag{2.15}$$

2. **Normalkomponente**
   Sie steht senkrecht zu $\vec{e}_T$ und ist gegeben durch:
   $$\vec{a}_N = v\frac{d\vec{e}_T}{dt}. \tag{2.16}$$

Komponentendarstellung von $\vec{e}_T$:

$$\vec{e}_T(t) = \begin{pmatrix} \cos\varphi(t) \\ \sin\varphi(t) \\ 0 \end{pmatrix} \tag{2.17}$$

$$\frac{d\vec{e}_T}{dt} = \begin{pmatrix} -\dot{\varphi}\sin\varphi \\ \dot{\varphi}\cos\varphi \\ 0 \end{pmatrix} = \dot{\varphi}\begin{pmatrix} \cos(\varphi + \frac{\pi}{2}) \\ \sin(\varphi + \frac{\pi}{2}) \\ 0 \end{pmatrix} = \dot{\varphi}\vec{e}_N. \tag{2.18}$$

Mit der Abkürzung $d\varphi/dt = \dot{\varphi}$ erhalten wir

$$\vec{a} = \vec{a}_T + \vec{a}_N \tag{2.19}$$

mit

$$\vec{a}_N = v\dot{\varphi}\vec{e}_N. \tag{2.20}$$

Die Größe $\dot{\varphi}$ ist eng verknüpft mit der Krümmung der Bahn. Die **Bogenlänge** $s = s(t)$ hängt mit dem Betrag der Geschwindigkeit zusammen über

$$\frac{ds}{dt} = v. \tag{2.21}$$

Benutzt man die Kettenregel

$$\frac{d\varphi}{dt} = \frac{d\varphi}{ds}\frac{ds}{dt} = \frac{d\varphi}{ds}v, \tag{2.22}$$

so läßt sich die so eingeführte Größe $d\varphi/ds$ geometrisch anschaulich interpretieren: Der Schnittpunkt der Bahn-Normalen in benachbarten Punkten A, A' heißt im Grenzfall $\Delta t \to 0$ **Krümmungsmittelpunkt**.

Für den zugehörigen **Krümmungsradius** $\varrho = \varrho(t)$ gilt:

$$\frac{1}{\varrho} = \lim_{\Delta t \to 0} \frac{\Delta \varphi}{\Delta s} = \frac{d\varphi}{ds} \qquad (2.23)$$

$$\Longrightarrow \vec{a}_N = \frac{v^2}{\rho} \vec{e}_N. \qquad (2.24)$$

Spezialfälle

1. geradlinige Bewegung:
$$\varrho \to \infty \quad , \text{ also } a_N \to 0 \qquad (2.25)$$

2. Kreisbewegung:
$$\varrho = R_{\text{Kreis}} = \text{const.} \qquad (2.26)$$

Nach diesen eher anschaulichen Definitionen gilt es nun zu klären, unter welchen Bedingungen 2 Beobachter in verschiedenen Systemen Σ und Σ' **gleiche** Bahnkurven $\vec{r}(t)$, $\vec{r}'(t)$ vermessen bzw. als **identisch** bezeichnen.

2.2 Vektoren

2.2.1 Definition

Formal definieren wir einen Vektor $\vec{a}$ im 3 dimensionalen Raum durch ein Tripel reeller Zahlen a_1, a_2, a_3 (Komponenten) und schreiben

$$\vec{a} = \begin{pmatrix} a_1 \\ a_2 \\ a_3 \end{pmatrix}. \qquad (2.27)$$

Zwei Vektoren $\vec{a}$, $\vec{b}$ nennen wir **gleich** genau dann, wenn gilt:

$$a_1 = b_1 \quad a_2 = b_2 \quad a_3 = b_3. \qquad (2.28)$$

2.2.2 Reelle Vektorräume

In reellen Vektorräumen ist eine Addition (+) von Vektoren sowie eine Multiplikation von Vektoren mit reellen Zahlen erklärt.

Die **Addition** von 2 Vektoren $\vec{a}, \vec{b}$:

$$\vec{a} + \vec{b} = \vec{c} \tag{2.29}$$

ist definiert durch

$$a_1 + b_1 = c_1 \quad a_2 + b_2 = c_2 \quad a_3 + b_3 = c_3. \tag{2.30}$$

Die so eingeführte Addition ordnet je zwei Vektoren genau einen Vektor zu und hat folgende Eigenschaften:

1. **Kommutativität**
$$\vec{a} + \vec{b} = \vec{b} + \vec{a} \tag{2.31}$$
2. **Assoziativität**
$$(\vec{a} + \vec{b}) + \vec{c} = \vec{a} + (\vec{b} + \vec{c}) \tag{2.32}$$
3. **Neutrales Element**
Es gibt einen Vektor $\vec{0}$ mit der Eigenschaft
$$\vec{a} + \vec{0} = \vec{a} \tag{2.33}$$
bei beliebigem Vektor $\vec{a}$, nämlich den Vektor mit den Komponenten $(0, 0, 0)$.
4. **Inverses Element**
Zu jedem Vektor $\vec{a}$ mit den Komponenten (a_1, a_2, a_3) gibt es genau einen Vektor $(-\vec{a})$ derart, daß
$$\vec{a} + (-\vec{a}) = \vec{0}, \tag{2.34}$$
d. h. den Vektor mit den Komponenten $(-a_1, -a_2, -a_3)$.

Elemente (hier: Vektoren), zwischen denen eine Verknüpfung (hier: Addition) erklärt ist, welche die Eigenschaften 1. bis 4. besitzt, bilden eine **kommutative Gruppe**.

Wir definieren die

Multiplikation von Vektoren mit reellen Zahlen α durch:
$$\alpha \vec{a} = \begin{pmatrix} \alpha a_1 \\ \alpha a_2 \\ \alpha a_3 \end{pmatrix}. \tag{2.35}$$

Sie hat folgende Eigenschaften:

1. **Assoziativität**
$$(\alpha\beta)\vec{a} = \alpha(\beta\vec{a}) \tag{2.36}$$
2. **Distributivität**
$$(\alpha + \beta)\vec{a} = \alpha\vec{a} + \beta\vec{a} \tag{2.37}$$

$$\alpha(\vec{a} + \vec{b}) = \alpha\vec{a} + \alpha\vec{b}$$

mit beliebigen reellen Zahlen α, β.
3. **Neutrales Element:**
$$1\vec{a} = \vec{a} \tag{2.38}$$

Eine kommutative Gruppe, für deren Elemente eine Multiplikation mit reellen Zahlen erklärt ist, welche die Eigenschaften 1. bis 3. besitzt, definiert einen **reellen Vektorraum.** Die Ortsvektoren $\vec{r}$ und Verschiebungsvektoren $\Delta \vec{r}$ bilden einen solchen reellen Vektorraum (in 3 Dimensionen).

2.2.3 Euklidische Vektorräume

In Euklidischen Vektorräumen ist die **Länge** von Vektoren definiert sowie ein **Winkel** zwischen 2 Vektoren. Im 3-dimensionalen Ortsraum ist die **Länge** (oder **Norm**) eines Ortsvektors gegeben durch

$$r = |\vec{r}| = \sqrt{x^2 + y^2 + z^2} \geq 0; \tag{2.39}$$

der **Winkel** φ zwischen je 2 Ortsvektoren ist bestimmt durch

2.2 Vektoren

$$|\vec{r}_1 - \vec{r}_2|^2 = r_1^2 + r_2^2 - 2r_1 r_2 \cos\varphi. \tag{2.40}$$

Diese Eigenschaften kennzeichnen einen **Euklidischen Raum**.

Mathematisch gelangt man vom reellen Vektorraum zum Euklidischen Vektorraum in folgender Weise: Man definiert zwischen je zwei Vektoren, $\vec{a}$ und $\vec{b}$, ein **Skalarprodukt** $\vec{a} \cdot \vec{b}$ mit folgenden Eigenschaften:

1. $\vec{a} \cdot \vec{b}$ ist eine reelle Zahl
2. $\vec{a} \cdot \vec{b} = \vec{b} \cdot \vec{a}$ (kommutativ)
3. $(\alpha\vec{a}) \cdot \vec{b} = \alpha(\vec{a} \cdot \vec{b})$ (assoziativ)
4. $\vec{a} \cdot (\vec{b} + \vec{c}) = \vec{a} \cdot \vec{b} + \vec{a} \cdot \vec{c}$ (distributiv)
5. $\vec{a} \cdot \vec{a} = |\vec{a}|^2 \begin{cases} = 0 \text{ falls } \vec{a} = \vec{0} \\ > 0 \text{ sonst} \end{cases}$

Wir können dann durch

$$\cos\varphi = \frac{\vec{a} \cdot \vec{b}}{|\vec{a}||\vec{b}|} \tag{2.41}$$

einen Winkel φ einführen, der sich als Zwischenwinkel von $\vec{a}$ und $\vec{b}$ erweist. Mit Hilfe des Skalarprodukts können wir die **Orthogonalität von Vektoren** definieren:

2 Vektoren $\vec{a}, \vec{b}$ heißen zueinander orthogonal, wenn gilt:

$$\vec{a} \cdot \vec{b} = 0. \tag{2.42}$$

Anschaulich bedeutet dieses, daß die beiden Vektoren **senkrecht** aufeinander stehen.

2.2.4 Basis und Dimension von Vektorräumen

Lineare Unabhängigkeit

Vektoren $\vec{a}_1, \vec{a}_2, \ldots, \vec{a}_i$ heißen linear unabhängig, wenn aus

$$\alpha_1 \vec{a}_1 + \alpha_2 \vec{a}_2 + \ldots + \alpha_i \vec{a}_i = \vec{0} \tag{2.43}$$

für alle reellen Koeffizienten stets folgt

$$\alpha_1 = \alpha_2 = \cdots = \alpha_i = 0; \tag{2.44}$$

andernfalls heißen die Vektoren linear abhängig.

Die Vektoren

$$\vec{e}_1 = \begin{pmatrix} 1 \\ 0 \\ 0 \end{pmatrix} \quad \vec{e}_2 = \begin{pmatrix} 0 \\ 1 \\ 0 \end{pmatrix} \quad \vec{e}_3 = \begin{pmatrix} 0 \\ 0 \\ 1 \end{pmatrix} \tag{2.45}$$

sind linear unabhängig, denn aus

$$\alpha_1 \begin{pmatrix} 1 \\ 0 \\ 0 \end{pmatrix} + \alpha_2 \begin{pmatrix} 0 \\ 1 \\ 0 \end{pmatrix} + \alpha_3 \begin{pmatrix} 0 \\ 0 \\ 1 \end{pmatrix} = \begin{pmatrix} 0 \\ 0 \\ 0 \end{pmatrix} \tag{2.46}$$

folgt notwendig $\alpha_1 = \alpha_2 = \alpha_3 = 0$. Mit Hilfe der Vektoren (2.45) kann jeder beliebige Vektor $\vec{a}$ dargestellt werden:

$$\begin{pmatrix} a_1 \\ a_2 \\ a_3 \end{pmatrix} = a_1 \begin{pmatrix} 1 \\ 0 \\ 0 \end{pmatrix} + a_2 \begin{pmatrix} 0 \\ 1 \\ 0 \end{pmatrix} + a_3 \begin{pmatrix} 0 \\ 0 \\ 1 \end{pmatrix}, \tag{2.47}$$

kurz:

$$\vec{a} = a_1 \vec{e}_1 + a_2 \vec{e}_2 + a_3 \vec{e}_3. \tag{2.48}$$

Die **Basis eines Vektorraumes** ist eine Menge linear unabhängiger Vektoren, die den ganzen Vektorraum aufspannen; das bedeutet, daß **jeder** Vektor des betrachteten Vektorraumes **eindeutig** als Linearkombination der **Basisvektoren** geschrieben werden kann. Die Anzahl der Basisvektoren für einen gegebenen Vektorraum ist fest und definiert die **Dimension des Vektorraumes.** Die Vektoren (2.45) bilden eine Basis des Vektorraumes der Dimension 3.

Von besonderer praktischer Bedeutung (auch in der Physik) sind Vektoren $\vec{e}_i$, welche eine **orthonormale Basis** bilden.

Sie besitzen die Eigenschaft

$$\vec{e}_i \cdot \vec{e}_k = \delta_{ik} \tag{2.49}$$

mit der Abkürzung:

$$\delta_{ik} = \begin{cases} 1 \text{ für } i = k \\ 0 \text{ für } i \neq k. \end{cases} \tag{2.50}$$

3 orthonormale Vektoren bilden somit eine Basis eines 3-dimensionalen Vektorraumes.

2.2 Vektoren

Bemerkung Bei Benutzung einer orthonormalen Basis erhält das Skalarprodukt eine besonders einfache explizite Form. Seien a_i, b_i ($i = 1, 2, 3$) die Komponenten (auch **Koordinaten** genannt) von 2 Vektoren $\vec{a}, \vec{b}$ bzgl. einer orthonormalen Basis $\vec{e}_k$ ($k = 1, 2, 3$)

$$\vec{a} = \sum_{k=1}^{3} a_k \vec{e}_k \tag{2.51}$$

$$\vec{b} = \sum_{i=1}^{3} b_i \vec{e}_i \tag{2.52}$$

so wird:

$$\vec{a} \cdot \vec{b} = \left(\sum_k a_k \vec{e}_k\right) \cdot \left(\sum_i b_i \vec{e}_i\right) = \sum_k \sum_i a_k b_i (\vec{e}_k \cdot \vec{e}_i) = \sum_k \sum_i a_k b_i \delta_{ki} = \sum_i a_i b_i. \tag{2.53}$$

Weiter ist das Skalarprodukt von $\vec{a}$ und $\vec{e}_k$ gerade durch die Komponenten a_k von $\vec{a}$ bzgl. $\vec{e}_k$ gegeben:

$$\vec{a} \cdot \vec{e}_k = \sum_i a_i (\vec{e}_i \cdot \vec{e}_k) = \sum_i a_i \delta_{ik} = a_k. \tag{2.54}$$

Zur Veranschaulichung dieser Ergebnisse betrachten wir einen Ortsvektor $\vec{r}$, gegeben durch seine Koordinaten x, y, z in einem kartesischen Koordinatensystem:

$$\vec{r} = \begin{pmatrix} x \\ y \\ z \end{pmatrix} = x\vec{e}_x + y\vec{e}_y + z\vec{e}_z. \tag{2.55}$$

Dabei sind $\vec{e}_x, \vec{e}_y, \vec{e}_z$ Einheitsvektoren in Richtung der zueinander orthogonalen Achsen **(kartesische Basis)**,

$$\vec{e}_x = \begin{pmatrix} 1 \\ 0 \\ 0 \end{pmatrix} \quad \vec{e}_y = \begin{pmatrix} 0 \\ 1 \\ 0 \end{pmatrix} \quad \vec{e}_z = \begin{pmatrix} 0 \\ 0 \\ 1 \end{pmatrix}. \tag{2.56}$$

Dann ergibt sich die Länge von $\vec{r}$ aus

$$\vec{r} \cdot \vec{r} = |\vec{r}|^2 = x^2 + y^2 + z^2, \tag{2.57}$$

$$|\vec{r}| = r = \sqrt{x^2 + y^2 + z^2}. \tag{2.58}$$

Das Skalarprodukt

$$\vec{r} \cdot \vec{e}_x = x \tag{2.59}$$

ergibt die Länge des Vektors, der aus $\vec{r}$ durch **orthogonale Projektion** auf die x-Achse hervorgeht.

2.3 Orthogonale Transformation

2.3.1 Vektoren in Mathematik und Physik

Während in der Mathematik Vektoren schlicht Elemente eines (beliebigen) Vektorraumes sind, versteht man in der Physik unter Vektoren stets Elemente Euklidischer Vektorräume! Unterziehen wir zwei Ortsvektoren einer Drehung im Raum oder einer Spiegelung am Ursprung, so ändern sich Länge und Zwischenwinkel nicht!

2.3.2 Drehungen

Wir untersuchen die Änderung der Komponenten eines Ortsvektors $\vec{r}$ bei Drehung des Koordinatensystems um die z-Achse um den Winkel φ. Dann gilt:

$$x' = x \cos \varphi + y \sin \varphi$$
$$y' = -x \sin \varphi + y \cos \varphi$$
$$z' = z. \tag{2.60}$$

Mit der Notation

$$x = x_1, \ y = x_2, \ z = x_3 \ ; \ x' = x_1', \ y' = x_2', \ z' = x_3' \tag{2.61}$$

erhält man die kompakte Form

$$x_i' = \sum_{j=1}^{3} d_{ij} x_j \ ; \ i = 1, 2, 3, \tag{2.62}$$

wobei die **Matrix** (d_{ij}) die Gestalt hat:

$$(d_{ij}) = \begin{pmatrix} \cos \varphi & \sin \varphi & 0 \\ -\sin \varphi & \cos \varphi & 0 \\ 0 & 0 & 1 \end{pmatrix}. \tag{2.63}$$

Bemerkung:

- Für eine beliebige Drehung ist der Zusammenhang zwischen den Koordinaten x_i und x_j' wieder linear, jedoch hat die Matrix (d_{ij}) eine kompliziertere Gestalt.

Allgemeine Eigenschaften der Matrix für eine Drehung

Da sich bei Drehungen die Länge von Vektoren und der Winkel zwischen je zwei Vektoren nicht ändern darf, muß das Skalarprodukt unter Drehungen invariant sein. Hat man 2

2.3 Orthogonale Transformation

Vektoren $\vec{r}_1$, $\vec{r}_2$ mit den Komponenten

$$\begin{aligned} x_{1i}, x_{2i} &\quad \text{im System } XYZ \\ x'_{1j}, x'_{2j} &\quad \text{im System } X'Y'Z' \end{aligned} \tag{2.64}$$

so muß also gelten:

$$\vec{r}_1' \cdot \vec{r}_2' = \sum_{i=1}^{3} x_{1i}' x_{2i}' = \sum_{i=1}^{3} \left(\sum_{m=1}^{3} d_{im} x_{1m} \right) \left(\sum_{n=1}^{3} d_{in} x_{2n} \right) = \sum_{n=1}^{3} x_{1n} x_{2n} = \vec{r}_1 \cdot \vec{r}_2. \tag{2.65}$$

Es folgt

$$\sum_{i=1}^{3} d_{im} d_{in} = \sum_{i=1}^{3} d_{mi}^T d_{in} = \delta_{mn} \tag{2.66}$$

als Bedingung für die Invarianz des Skalarproduktes bei der Transformation. Lineare Transformation mit obiger Bedingung nennt man **orthogonale Transformation.**

2.3.3 Spiegelung am Ursprung (Inversion)

Wir betrachten die diskrete Transformation ($i = 1, 2, 3$)

$$x_i \rightarrow x_i' = -x_i. \tag{2.67}$$

Die zugehörige Transformationsmatrix ($x_i' = \sum_k s_{ik} x_k$) hat die Form

$$(s_{ik}) = \begin{pmatrix} -1 & 0 & 0 \\ 0 & -1 & 0 \\ 0 & 0 & -1 \end{pmatrix}. \tag{2.68}$$

Der Unterschied der hier vorgestellten orthogonalen Transformationen besteht darin, daß bei Drehungen ein Rechts-System wieder in ein Rechts-System übergeht, dagegen Spiegelungen ein Rechts-System in ein Links-System überführen. Mathematisch äußert sich dieser Unterschied darin, daß für Drehungen stets gilt:

$$\det(d_{ik}) = 1, \tag{2.69}$$

während im Fall der Spiegelung
$$\det(s_{ik}) = -1 \tag{2.70}$$
wird.

Bemerkung Die Spiegelung an einer Ebene, z. B.
$$x_1' = x_1 \,; \quad x_2' = x_2 \,; \quad x_3' = -x_3 \,, \tag{2.71}$$
kann durch Kombination der Spiegelung am Ursprung und einer Drehung um die z-Achse ersetzt werden.

Ergänzung
Unter der Determinante einer quadratischen Matrix a_{ik} versteht man für 2×2 Matrizen:
$$\det(a_{ik}) = \begin{vmatrix} a_{11} & a_{12} \\ a_{21} & a_{22} \end{vmatrix} = a_{11}a_{22} - a_{21}a_{12}; \tag{2.72}$$
für 3×3 Matrizen:
$$\det(a_{ik}) = \begin{vmatrix} a_{11} & a_{12} & a_{13} \\ a_{21} & a_{22} & a_{23} \\ a_{31} & a_{32} & a_{33} \end{vmatrix}$$
$$= a_{11} \begin{vmatrix} a_{22} & a_{23} \\ a_{32} & a_{33} \end{vmatrix} - a_{12} \begin{vmatrix} a_{21} & a_{23} \\ a_{31} & a_{33} \end{vmatrix} + a_{13} \begin{vmatrix} a_{21} & a_{22} \\ a_{31} & a_{32} \end{vmatrix}. \tag{2.73}$$

Für die praktische Berechnung sind folgende Regeln nützlich:

- **Regel 1:**
$$\det(a) = \det(a_{ik}) = \det(a_{ki}) = \det(a^T) \tag{2.74}$$
- **Regel 2:**
  Vertauscht man in der Matrix 2 Zeilen (Spalten), so ändert die Determinante ihr Vorzeichen.
  Folgerung: Sind in einer Matrix 2 Zeilen (Spalten) gleich, so ist die Determinante null.
- **Regel 3:**
  Addiert man zu einer Zeile (Spalte) ein Vielfaches einer anderen Zeile (Spalte), so ändert sich die Determinante nicht.

Hinweis Die Determinante einer Matrix A (oder linearen Abbildung) ist von Bedeutung für die Existenz der **inversen** Matrix A^{-1} (oder Abbildung). Letztere existiert nur, wenn $\det(A) \neq 0$, d.h. $\det(AA^{-1}) = \det(A)\det(A^{-1}) = 1$.

2.3.4 Vektoren und Skalare

Wir können nun (in der nichtrelativistischen Physik) **Vektoren** definieren als (geordnete) Tripel reeller Zahlen, für die

1. eine Addition und Multiplikation gemäß Abschn. 2.2 definiert ist und die sich
2. bei Drehungen verhalten wie Ortsvektoren.

Bemerkung Geschwindigkeit $\vec{v}$ und Beschleunigung $\vec{a}$ sind Vektoren.

Die Vektoren (Ortsvektoren, Geschwindigkeit, Beschleunigung) kehren bei Inversion das Vorzeichen um (**polare** Vektoren). Weitere Beispiele für polare Vektoren: Impuls, Kraft (siehe folgende Kapitel). Beispiele für axiale Vektoren: Drehimpuls, Drehmoment (siehe folgende Kapitel).

2.3.5 Nutzen der Vektorrechnung

Vereinfachung der Schreibweise

Statt die Komponenten $x(t)$, $y(t)$, $z(t)$ anzugeben, schreibt man kürzer: $\vec{r}(t)$.

Unabhängigkeit vom Koordinatensystem

Aussagen in Form von Vektor-Gleichungen sind unabhängig von der Wahl des Koordinatensystems.

2.4 Kreisbewegungen

2.4.1 Winkelgeschwindigkeit

Wir betrachten die Bewegung eines Massenpunktes auf einem Kreis mit Radius r. Eine zweckmäßige Parameterdarstellung der Bahnkurve ist dann gegeben durch:

$$\vec{r}(t) = r \begin{pmatrix} \cos \varphi(t) \\ \sin \varphi(t) \\ 0 \end{pmatrix} \tag{2.75}$$

mit $r = $ const. und dem Kreismittelpunkt als Ursprung.

Die **Geschwindigkeit**

$$\vec{v} = \frac{d\vec{r}}{dt} = r\dot{\varphi} \begin{pmatrix} -\sin\varphi(t) \\ \cos\varphi(t) \\ 0 \end{pmatrix} = r\dot{\varphi}\vec{e}_T \qquad (2.76)$$

hat den **Betrag**
$$v = |v| = r\dot{\varphi} \qquad (2.77)$$
und ist stets senkrecht zu $\vec{r}$ gerichtet, da
$$\vec{r} \cdot \vec{v} = r^2\dot{\varphi}(-\cos\varphi\sin\varphi + \sin\varphi\cos\varphi) = 0. \qquad (2.78)$$
Der Betrag der **Winkelgeschwindigkeit** ω wird eingeführt über
$$\omega = \dot{\varphi} = \frac{v}{r}. \qquad (2.79)$$

Falls der Ortsvektor $\vec{r}$ eines beliebigen Massenpunkts des rotierenden Körpers nicht in der Bahnebene des Massenpunktes (vgl. Abb. 2.2) liegt, dann ist (2.79) zu ersetzen durch:
$$v = r_0\dot{\varphi} = r\dot{\varphi}\sin\gamma = r\omega\sin\gamma. \qquad (2.80)$$

Eine beliebige starre Rotation können wir kennzeichnen durch den Vektor **Winkelgeschwindigkeit** $\vec{\omega}$, dessen Betrag durch obige Gleichung und dessen Richtung parallel zur Drehachse im Sinne einer **Rechtsschraube** (Abb. 2.3) festgelegt ist.

Der allgemeine Zusammenhang von $\vec{r}$, $\vec{v}$ und $\vec{\omega}$ wird beschrieben durch das

Abb. 2.2 Illustration für eine kreisförmige Bewegung, wenn der Ursprung des Koordinatensystems nicht in der Bewegungsebene liegt

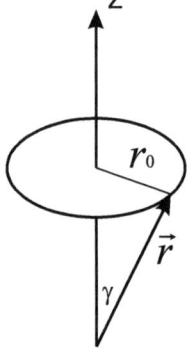

2.4 Kreisbewegungen

Abb. 2.3 Richtung der Winkelgeschwindigkeit $\vec{\omega}$ (rechtshändig)

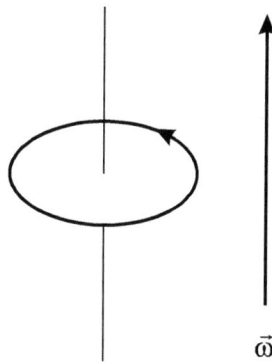

2.4.2 Vektorprodukt

Das Vektorprodukt von 2 Vektoren $\vec{a}, \vec{b}$ ist definiert als ein Vektor $\vec{c}$, geschrieben

$$\vec{c} = \vec{a} \times \vec{b}, \tag{2.81}$$

dessen Länge durch

$$c = |\vec{c}| = ab \sin \gamma \tag{2.82}$$

mit γ als Winkel zwischen $\vec{a}$ und $\vec{b}$ definiert ist und dessen Richtung senkrecht zu $\vec{a}$ und $\vec{b}$ ist, d. h.

$$\vec{a} \cdot \vec{c} = 0, \quad \vec{b} \cdot \vec{c} = 0 \tag{2.83}$$

und zwar so, daß $\vec{a}, \vec{b}, \vec{c}$ ein Rechts-System bilden. Die Komponenten des Vektors $\vec{c}$ sind dann als Funktion der Komponenten von $\vec{a}$ und $\vec{b}$ gegeben durch:

$$\vec{c} = \begin{pmatrix} a_y b_z - a_z b_y \\ a_z b_x - a_x b_z \\ a_x b_y - a_y b_x \end{pmatrix}. \tag{2.84}$$

Eigenschaften des Vektorprodukts
1. Antikummutativität:
$$\vec{a} \times \vec{b} = -\vec{b} \times \vec{a} \tag{2.85}$$
2. Wenn $\vec{a}$ parallel $\vec{b}$, so ist

$$\vec{a} \times \vec{b} = \vec{0} \tag{2.86}$$

3. Assoziativ-Gesetz: (α reell)

$$(\alpha \vec{a}) \times \vec{b} = \alpha (\vec{a} \times \vec{b}) \tag{2.87}$$

4. Distributiv-Gesetz:

$$\vec{a} \times (\vec{b}_1 + \vec{b}_2) = \vec{a} \times \vec{b}_1 + \vec{a} \times \vec{b}_2 \tag{2.88}$$

Geometrische Interpretation von $|\vec{a} \times \vec{b}|$: Für die Fläche des von $\vec{a}$ und $\vec{b}$ gebildeten Parallelogramms (Abb. 2.4) gilt:

$$A = |\vec{a} \times \vec{b}| = ab \sin \gamma \quad \text{mi}t \; 0 \leq \gamma \leq \pi. \tag{2.89}$$

Rechenregel

Für beliebige Vektoren $\vec{a}, \vec{b}, \vec{c}$ gilt:

$$\vec{a} \times (\vec{b} \times \vec{c}) = (\vec{a} \cdot \vec{c}) \vec{b} - (\vec{a} \cdot \vec{b}) \vec{c}. \tag{2.90}$$

Das **Spatprodukt** $(\vec{a} \times \vec{b}) \cdot \vec{c}$ weiterhin gibt das Volumen des von $\vec{a}, \vec{b}, \vec{c}$ aufgespannten Parallelepipeds an.

2.4.3 Winkelbeschleunigung

Die Beschleunigung berechnet sich aus der Zeitableitung der Geschwindigkeit $\vec{v}$:

Abb. 2.4 Illustration des Parallelogramms, das durch die Vektoren $\vec{a}$ und $\vec{b}$ gebildet wird

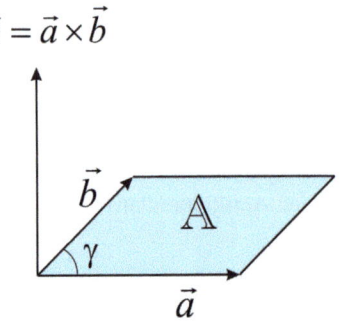

2.4 Kreisbewegungen

$$\vec{a} = \frac{d\vec{v}}{dt} = \frac{d}{dt}(r\omega\vec{e}_T) = r\omega^2\vec{e}_N + \dot{\omega}r\vec{e}_T = \vec{a}_N + \vec{a}_T \quad (2.91)$$

mit $d/dt\, \vec{e}_T = \omega\vec{e}_N$, wobei $\vec{e}_N$ zum Kreismittelpunkt weist. Für

$$\vec{v} = \vec{\omega} \times \vec{r} \quad (2.92)$$

folgt dann:

$$\vec{a} = \frac{d\vec{\omega}}{dt} \times \vec{r} + \vec{\omega} \times \vec{v}. \quad (2.93)$$

Damit ist

$$\vec{a}_T = \frac{d\vec{\omega}}{dt} \times \vec{r} \quad (2.94)$$

die **Tangentialkomponente** von $\vec{a}$, zu der die **Normalkomponente** von $\vec{a}$,

$$\vec{a}_N = \vec{\omega} \times \vec{v} = \vec{\omega} \times (\vec{\omega} \times \vec{r}), \quad (2.95)$$

senkrecht steht.

Spezialfall gleichförmige Kreisbewegung ($\vec{\omega}$ = const.) : Mit $\dot{\omega} = 0$ und $\vec{r} = -r\vec{e}_N$ folgt

$$\vec{a} = \vec{a}_N = \vec{\omega}\times(\vec{\omega}\times\vec{r}) = (\vec{\omega}\cdot\vec{r})\vec{\omega} - (\vec{\omega}\cdot\vec{\omega})\vec{r} = r\omega^2\vec{e}_N : \text{Zentripetal-Beschleunigung} \quad (2.96)$$

Beispiel Bewegung eines auf der Erdoberfläche fixierten Massenpunktes (Abb. 2.5).
Für die Geschwindigkeit des Massenpunktes gilt:

$$v = \omega R \sin(90° - \lambda) = \omega R \cos(\lambda) \quad , \quad (2.97)$$

wobei R der Erdradius, ω der Betrag der Winkelgeschwindigkeit und λ die geographische Breite ist. Die Beschleunigung $\vec{a} = \vec{a}_N$ mit Betrag

$$|\vec{a}_N| = \omega v = \omega^2 R \cos\lambda \quad (2.98)$$

weist zum Mittelpunkt der Kreisbahn des betrachteten Massenpunktes; sie steht senkrecht zur Nord-Süd-Achse der Erde und zur Geschwindigkeit $\vec{v}$, welche tangential zur Kreisbahn gerichtet ist.

Wir definieren zum Abschluß noch die **Winkelbeschleunigung:**

Abb. 2.5 Position eines Massenpunktes, der auf der Erdoberfläche fixiert ist

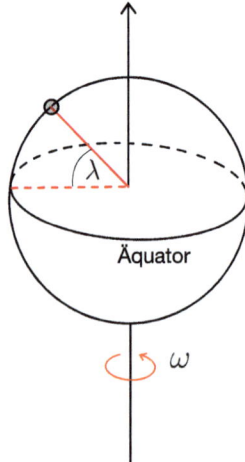

$$\vec{\alpha} = \frac{d\vec{\omega}}{dt}, \tag{2.99}$$

die die zeitliche Änderung der Winkelgeschwindigkeit bestimmt..

Zusammenfassend haben wir in diesem Kapitel die Bewegung von Massenpunkten im Raum und in der Zeit und ihre Bahnen durch Vektoren $\vec{r}(t)$, $\vec{v}(t)$ und $\vec{a}(t)$ beschrieben. Die mathematischen Werkzeuge sind Differentiation in kartesischen oder polaren Koordinatensystemen eines dreidimensionalen reellen Vektorraums, der verwendet wird um physikalische Größen wie Inertialsysteme, Geschwindigkeit, Beschleunigung, Winkelgeschwindigkeit oder Winkelbeschleunigung eindeutig zu definieren. Eine kurze Einführung in euklidische Vektorräume wurde gegeben und lineare Transformationen (wie Drehungen) wurden durch geeignete 3×3 Matrizen beschrieben. Dies ermöglicht eine stringente Formulierung der Kinematik auch im Falle von Kreisbewegungen.

Relativbewegung 3

Inhaltsverzeichnis

- 3.1 Inertialsysteme 28
    - 3.1.1 Idee und Praxis 28
    - 3.1.2 Galilei'sches Relativitätsprinzip 28
    - 3.1.3 Galilei-Gruppe 30
- 3.2 Rotierende Bezugssysteme 30
    - 3.2.1 Zielsetzung 30
    - 3.2.2 Gleichförmig rotierende Systeme 30
    - 3.2.3 Erläuterungen und Beispiele 32
    - 3.2.4 Verallgemeinerung 33
- 3.3 Schwerpunktsystem 33
    - 3.3.1 Definition des Schwerpunktes 33
    - 3.3.2 Schwerpunktssystem 34
    - 3.3.3 Bestimmung des Schwerpunktes 35
    - 3.3.4 Stoß zweier Teilchen 36
    - 3.3.5 Reduzierte Masse 36

Nach der einführenden Definition der physikalischen Größen bleibt es zu klären, unter welchen Bedingungen Beobachter in verschiedenen Inertialsystemen – die sich mit einer konstanten Geschwindigkeit $\vec{v}_0$ relativ zueinander bewegen – ihre Beobachtungen als identisch erachten können. Dies führt auf das **Galileische Relativitätsprinzip** und zur **Galilei-Gruppe der Transformationen.** Von besonderem Interesse sind rotierende Systeme und Schwerpunktsysteme, die im Detail untersucht werden.

3.1 Inertialsysteme

3.1.1 Idee und Praxis

Nach dem 1. Newton'schen Axiom (Abschn. 1.2) ist ein **Inertialsystem** dadurch definiert, daß sich in ihm ein **freies** Teilchen **geradlinig gleichförmig** bewegt. Der praktische Nutzen der Newton'schen Axiome hängt also an der Frage, ob es (zumindest approximativ) Inertialsysteme gibt.

Wir wollen im Folgenden von der idealisierten Annahme ausgehen, wir hätten ein strenges Inertialsystem gefunden. In diesem System gilt dann das 2. Newton'sche Axiom in der Form

$$m\vec{a} = \vec{F} \tag{3.1}$$

wobei die Masse m als positive Konstante angesehen wird. Nehmen wir noch das Prinzip von Actio = Reactio hinzu (3. Axiom),

$$\vec{F}_{12} = -\vec{F}_{21}, \tag{3.2}$$

so können wir

$$m\vec{a} = \vec{F} \tag{3.3}$$

als Definition von **Kraft** ansehen und aus der Kombination der beiden Gleichungen eine Meßvorschrift für die Masse m gewinnen.

3.1.2 Galilei'sches Relativitätsprinzip

Wir betrachten außer dem Inertialsystem Σ ein weiteres Bezugssystem Σ', welches sich gegenüber Σ mit beliebiger konstanter Geschwindigkeit $\vec{v}_0$ bewegt. Ein Massenpunkt P, dessen Position im System Σ durch den Ortsvektor $\vec{r}$ gegeben ist, ist in Σ' gekennzeichnet durch den Ortsvektor

$$\vec{r}\,' = \vec{r} - \vec{v}_0 t. \tag{3.4}$$

Hieraus folgt

$$\vec{v}\,' = \vec{v} - \vec{v}_0 \tag{3.5}$$

3.1 Inertialsysteme

und

$$\vec{a}\,' = \vec{a}. \tag{3.6}$$

Bewegt sich P frei im System Σ, so folgt, daß P sich auch bezüglich Σ' frei bewegt. Ein Beobachter in Σ' kommt für die Kraft zum gleichen Resultat wie in Σ,

$$\vec{F}' = m'\vec{a}\,' = m\vec{a} = \vec{F}. \tag{3.7}$$

Diese Identität findet ihren Ausdruck im **Galilei'sches Relativitätsprinzip**

Die Grundgesetze der Mechanik sind gleich in allen Bezugssystemen, die sich zueinander mit konstanter Geschwindigkeit bewegen.

Mit der Annahme, daß Zeitmessungen in allen Inertialsystemen gleich sind,

$$t = t' \tag{3.8}$$

definieren wir eine **Galilei-Transformation:**

$$\vec{r}\,' = \vec{r} - \vec{v}_0 t \;\; ; \;\; t' = t. \tag{3.9}$$

Es gilt dann das Galilei'sche Additionsgesetz für Geschwindigkeiten:

$$\vec{v}\,' = \vec{v} - \vec{v}_0. \tag{3.10}$$

Grenzen des Galilei'schen Relativitätsprinzips:

1. Die Grundgleichungen der Elektrodynamik sind nicht invariant unter der Transformation $\vec{v}\,' = \vec{v} - \vec{v}_0$.
2. Für hohe Geschwindigkeiten ($v \approx c$; $v \leq c$; c: Lichtgeschwindigkeit) ist die Newton'sche Bewegungsgleichung nicht mehr anwendbar.

3.1.3 Galilei-Gruppe

Die Galilei-Transformationen bilden eine **kommutative Gruppe** $G(\vec{v}_0)$, wenn als Verknüpfung das Nacheinanderausführen von Transformationen verstanden wird.

1. **Kommutativität:** Die Verknüpfung zweier Galilei-Transformationen ergibt wieder eine Galilei-Transformation und ist kommutativ.
2. **Assoziativität:**
   Die Assoziativität der Galilei-Transformationen folgt aus der Assoziativität der Addition von Geschwindigkeiten.
3. **Neutrales Element:**
   Es existiert ein neutrales Element, nämlich die durch
   $$\vec{v}_0 = \vec{0} \tag{3.11}$$
   beschriebene identische Transformation.
4. **Inverses Element:**
   Zu jeder Galilei-Transformation G, charakterisiert durch die Relativgeschwindigkeit $\vec{v}_0$ der betrachteten Systeme, gibt es eine inverse Galilei-Transformation G^{-1}, nämlich die zur Relativgeschwindigkeit $-\vec{v}_0$ gehörige, d. h. $G^{-1}(\vec{v}_0) = G(-\vec{v}_0)$.

3.2 Rotierende Bezugssysteme

3.2.1 Zielsetzung

In **Inertialsystemen** gilt die Bewegungsgleichung in der einfachen Form:
$$m\vec{a} = \vec{F}. \tag{3.12}$$

Hin und wieder kann es jedoch zweckmäßig sein, in ein **Nicht-Inertialsystem** überzugehen, in dem die Bahnkurve eine **einfachere** Form hat. Dazu muß man wissen, wie sich Geschwindigkeit und Beschleunigung beim Übergang vom Inertialsystem zum Nicht-Inertialsystem transformieren.

3.2.2 Gleichförmig rotierende Systeme

Wir betrachten die Bewegung eines Massenpunktes in einem Inertialsystem Σ und in einem gegenüber Σ gleichförmig rotierenden System Σ'. Beide Systeme sollen zunächst den gleichen Ursprung haben. Der Ortsvektor $\vec{r} \equiv \vec{r}\,'$ des Massenpunktes ist

3.2 Rotierende Bezugssysteme

$$\vec{r} = x\vec{e}_x + y\vec{e}_y + z\vec{e}_z = x'\vec{e}_{x'} + y'\vec{e}_{y'} + z'\vec{e}_{z'} = \vec{r}\,'. \tag{3.13}$$

Dabei sind $\vec{e}_i$ bzw. $\vec{e}_{i'}$ orthogonale Vektoren in Richtung der kartesischen Achsen von Σ bzw. Σ'.

Die Geschwindigkeit $\vec{v}$ für den Beobachter in Σ ist bei festem Koordinatensystem $\vec{e}_i$:

$$\vec{v} = \frac{d\vec{r}}{dt} = v_x \vec{e}_x + v_y \vec{e}_y + v_z \vec{e}_z \tag{3.14}$$

und für den Beobachter in Σ' bei festem Koordinatensystem $\vec{e}_i\,'$:

$$\vec{v}\,' = \frac{d\vec{r}\,'}{dt} = v'_{x'} \vec{e}_{x'} + v'_{y'} \vec{e}_{y'} + v'_{z'} \vec{e}_{z'}. \tag{3.15}$$

Für den Beobachter in Σ rotieren die Achsen von Σ'; die Vektoren $\vec{e}_i\,'$ ändern sich also zeitlich, so daß er (im System Σ) $\vec{v}$ auch berechnen kann als

$$\vec{v} = v'_{x'} \vec{e}_{x'} + x' \frac{d\vec{e}_{x'}}{dt} + v'_{y'} \vec{e}_{y'} + y' \frac{d\vec{e}_{y'}}{dt} + v'_{z'} \vec{e}_{z'} + z' \frac{d\vec{e}_{z'}}{dt}. \tag{3.16}$$

Dann ist

$$\vec{v} = \vec{v}\,' + \vec{\omega} \times \vec{r}\,' \tag{3.17}$$

und $\vec{\omega}$ die Winkelgeschwindigkeit, mit der sich Σ' gegenüber Σ dreht.

Die **Beschleunigung** für einen Beobachter in Σ ergibt sich dann als:

$$\vec{a} = \frac{d\vec{v}}{dt} = a_x \vec{e}_x + a_y \vec{e}_y + a_z \vec{e}_z \tag{3.18}$$

und für einen Beobachter in Σ' als:

$$\vec{a}\,' = \frac{d\vec{v}\,'}{dt} = a'_{x'} \vec{e}_{x'} + a'_{y'} \vec{e}_{y'} + a'_{z'} \vec{e}_{z'}. \tag{3.19}$$

Für den Beobachter in Σ sind die Vektoren $\vec{e}_{i'}$ zeitabhängig; es folgt

$$\vec{a} = \frac{d}{dt}(v'_{x'}\vec{e}_{x'} + x'\frac{d\vec{e}_{x'}}{dt} + v'_{y'}\vec{e}_{y'} + y'\frac{d\vec{e}_{y'}}{dt} + v'_{z'}\vec{e}_{z'} + z'\frac{d\vec{e}_{z'}}{dt}) =$$

$$\vec{a}' + v'_{x'}\frac{d\vec{e}_{x'}}{dt} + v'_{y'}\frac{d\vec{e}_{y'}}{dt} + v'_{z'}\frac{d\vec{e}_{z'}}{dt} + (\vec{\omega} \times \vec{v}') + \vec{\omega} \times (x'\frac{d\vec{e}_{x'}}{dt} + y'\frac{d\vec{e}_{y'}}{dt} + z'\frac{d\vec{e}_{z'}}{dt}) =$$

$$\vec{a}' + 2(\vec{\omega} \times \vec{v}') + \vec{\omega} \times (\vec{\omega} \times \vec{r}'). \qquad (3.20)$$

Der Term $2(\vec{\omega} \times \vec{v}')$ ist die **Coriolis-Beschleunigung** und der Term $\vec{\omega} \times (\vec{\omega} \times \vec{r}')$ die **Zentrifugalbeschleunigung**.

Für die Bewegungsgleichung im rotierenden System Σ' ergibt sich aus $\vec{F} = m\vec{a}$ in Σ:

$$m\vec{a}' = \vec{F} - 2m(\vec{\omega} \times \vec{v}') - m\vec{\omega} \times (\vec{\omega} \times \vec{r}'). \qquad (3.21)$$

In Σ' wirken also außer der Newton'schen Kraft $\vec{F}$ sogenannte **Trägheitskräfte**: die

Coriolis-Kraft
$$-2m(\vec{\omega} \times \vec{v}') \qquad (3.22)$$

und die **Zentrifugalkraft**
$$-m\vec{\omega} \times (\vec{\omega} \times \vec{r}'). \qquad (3.23)$$

Im Unterschied zu den durch das 2. Newton'sche Axiom definierten Newton'schen Kräften rühren die Trägheitskräfte nicht von der Wechselwirkung zwischen Massenpunkten her!

3.2.3 Erläuterungen und Beispiele

Ein Massenpunkt werde durch einen gespannten Faden auf einer Kreisbahn gehalten, auf der er sich mit konstanter Winkelgeschwindigkeit $\vec{\omega}$ bewege.

1. Aus der Sicht eines Beobachters im Inertialsystem Σ wirkt auf das Teilchen über den gespannten Faden eine Kraft

$$\vec{F} = m\vec{a} = m\vec{\omega} \times (\vec{\omega} \times \vec{r}), \qquad (3.24)$$

welche das Teilchen in Richtung auf den Kreismittelpunkt beschleunigt.

2. Vom (mit-)rotierenden System Σ' aus gesehen bewegt sich das Teilchen unbeschleunigt; $\vec{a}' = 0$. Dies kann man so interpretieren, daß sich in Σ' die Zentrifugalkraft und die Newton'sche Kraft $\vec{F}$, herrührend vom gespannten Faden, gerade aufheben.

3.2.4 Verallgemeinerung

Für den Fall, daß der Ursprung von Σ' nicht mit dem von Σ übereinstimmt, d. h. $\vec{r} = \vec{R} + \vec{r}\,'$, erhalten wir

$$\vec{v} = \dot{\vec{R}} + \vec{v}\,' + (\vec{\omega} \times \vec{r}\,') \tag{3.25}$$

und

$$\vec{a} = \ddot{\vec{R}} + \vec{a}\,' + 2(\vec{\omega} \times \vec{v}\,') + \vec{\omega} \times (\vec{\omega} \times \vec{r}\,'), \tag{3.26}$$

falls Σ' relativ zu Σ (über $\ddot{\vec{R}}$) beschleunigt ist oder sich mit Relativgeschwindigkeit $\dot{\vec{R}}(t)$ bewegt.

3.3 Schwerpunktsystem

3.3.1 Definition des Schwerpunktes

$$\vec{r}_s = \frac{1}{M} \sum_{i=1}^{N} m_i \vec{r}_i \;;\quad M = \sum_{i=1}^{N} m_i \quad \text{(Gesamtmasse)}, \tag{3.27}$$

wobei m_i die Teilchenmassen und $\vec{r}_i$ ihre Positionen in einem raumfesten Koordinatensystem Σ sind. Es folgt für die Geschwindigkeit des Schwerpunktes:

$$\vec{v}_s = \frac{1}{M} \sum_{i=1}^{N} m_i \vec{v}_i \tag{3.28}$$

und für die Beschleunigung:

$$\vec{a}_s = \frac{1}{M} \sum_{i=1}^{N} m_i \vec{a}_i. \qquad (3.29)$$

Ist das System ein Inertialsystem, so gilt nach dem 2. Newton'schen Axiom:

$$m_i \vec{a}_i = \vec{F}_i \ , \ i = 1, 2, \ldots, N. \qquad (3.30)$$

Die Bewegungsgleichung für den Schwerpunkt lautet dann nach dem 4. Newton'schen Axiom:

$$M\vec{a}_s = \vec{F}_s \text{ mit } \vec{F}_s = \sum_{i=1}^{N} \vec{F}_i. \qquad (3.31)$$

Wirken keine äußeren Kräfte, so wird

$$\vec{F}_s = 0 \qquad (3.32)$$

(nach dem 3. Newton'schen Axiom), da sich die inneren Kräfte zwischen den Teilchen paarweise aufheben, d. h.

$$M\vec{a}_s = 0; \qquad (3.33)$$

der Schwerpunkt bewegt sich geradlinig gleichförmig.

3.3.2 Schwerpunktssystem

Für viele Probleme ist es zweckmäßig, vom Laborsystem zum **Schwerpunktsystem** überzugehen. Wir betrachten ein **abgeschlossenes** System, auf das keine äußeren Kräfte wirken. Das Schwerpunktsystem Σ' führen wir nun durch die Bedingung ein, daß in ihm der Schwerpunkt ruht:

$$\vec{v}_s{}' = 0. \qquad (3.34)$$

Wählt man speziell den Schwerpunkt als Ursprung des Systems Σ', so ist

$$\vec{r}_s{}' = 0. \tag{3.35}$$

Die Positionen der Teilchen sind dann

$$\vec{r}_i{}' = \vec{r}_i - \vec{r}_s \ ; \text{ es folgt } \sum_i m_i \vec{r}_i{}' = 0. \tag{3.36}$$

Die Geschwindigkeiten in Σ' sind dann:

$$\vec{v}_i{}' = \vec{v}_i - \vec{v}_s, \tag{3.37}$$

und die Beschleunigungen:

$$\vec{a}_i{}' = \vec{a}_i - \vec{a}_s. \tag{3.38}$$

Es folgt:

$$\sum_{i=1}^{N} m_i \vec{v}_i{}' = 0. \tag{3.39}$$

3.3.3 Bestimmung des Schwerpunktes

Liegt eine kontinuierliche Massenverteilung vor, so ist der Schwerpunktsvektor gegeben durch:

$$\vec{r}_s = \frac{1}{M} \int_V \vec{r} \, \rho(x, y, z) \, dx \, dy \, dz, \tag{3.40}$$

mit der Gesamtmasse:

$$M = \int_V \rho(x, y, z) \, dx \, dy \, dz, \tag{3.41}$$

wobei $\rho(x, y, z)$ die Dichte der Massenverteilung bezeichnet.

3.3.4 Stoß zweier Teilchen

Im System Σ (Inertialsystem) gilt:

$$m_1 \vec{a}_1 = \vec{F}_{12} \quad ; \quad m_2 \vec{a}_2 = \vec{F}_{21} = -\vec{F}_{12} \quad , \tag{3.42}$$

falls keine äußeren Kräfte wirken. Im Schwerpunktsystem folgt dann (siehe Abb. 3.1):

$$m_1 \vec{v}_1{}' = -m_2 \vec{v}_2{}' \tag{3.43}$$

sowohl vor als auch nach dem Stoß.

3.3.5 Reduzierte Masse

Der Vorteil des Schwerpunktsystems besteht darin, daß sich die Zahl der Freiheitsgrade reduziert. Nach Abtrennen der Schwerpunktsbewegung verbleiben nur noch 3 Freiheitsgrade für das 2-Teilchenproblem.

Nach Einführung des Relativvektors

$$\vec{r} = \vec{r}_1{}^s - \vec{r}_2{}^s = \vec{r}_1 - \vec{r}_2 \tag{3.44}$$

ergibt sich die Bewegungsgleichung für die Relativbewegung zu

$$\mu \ddot{\vec{r}} = \mu(\ddot{\vec{r}}_1 - \ddot{\vec{r}}_2) = \mu \left(\frac{\vec{F}_{12}}{m_1} - \frac{\vec{F}_{21}}{m_2} \right) = \mu \left(\frac{1}{m_1} + \frac{1}{m_2} \right) \vec{F}_{12} = \mu \frac{m_1 + m_2}{m_1 m_2} \vec{F}_{12} = \vec{F}_{12} \tag{3.45}$$

für die **reduzierte Masse**

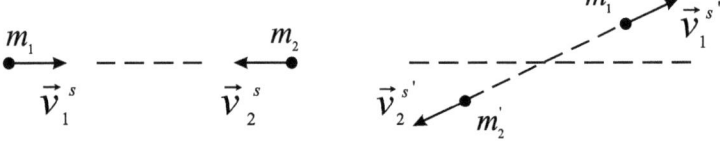

vor dem Stoß   nach dem Stoß

Abb. 3.1 Geschwindigkeitsvektoren und Positionen vor (links) und nach dem Zusammenstoß (rechts)

3.3 Schwerpunktsystem

$$\mu = \frac{m_1 m_2}{m_1 + m_2}. \tag{3.46}$$

Da das Problem der Schwerpunktsbewegung schon gelöst ist (bei Abwesenheit äußerer Kräfte), haben wir also das Zweikörperproblem (6 Freiheitsgrade) auf ein Einkörperproblem (3 Freiheitsgrade) reduziert.

Zwei **einfache Grenzfälle** hierfür sind:

1. $m_1 = m_2 = m$. Dann wird

$$\mu = \frac{1}{2}m \;, \tag{3.47}$$

zum Beispiel in der Proton-Proton-Streuung.

2. $m_1 \gg m_2$. Hieraus folgt:

$$\mu = \frac{m_2}{1 + \frac{m_2}{m_1}} \approx m_2. \tag{3.48}$$

Dann ist die Masse des leichteren Teilchens maßgebend, z. B. bei der Bewegung eines Elektrons um den Atomkern oder der Erde um die Sonne.

Zusammenfassend haben wir in diesem Kapitel Inertialsysteme eingeführt und das Galilei-Prinzip der Relativität erläutert um Beobachtungen in verschiedenen Inertialsystemen zu vergleichen, die sich mit einer konstanten Geschwindigkeit $\vec{v}_0$ relativ zueinander bewegen. Von besonderem Interesse waren rotierende Systeme und Schwerpunktsysteme, wobei letztere von besonderer Bedeutung für die Beschreibung von binären Systemen sind.

Dynamik 4

Inhaltsverzeichnis

4.1	Folgerungen aus den Newton'schen Axiomen	40
	4.1.1 Masse	40
	4.1.2 Kraft	41
	4.1.3 Bewegungsgleichungen	41
4.2	Beispiele für die Lösung von Bewegungsgleichungen	42
	4.2.1 Geladenes Teilchen im homogenen elektrischen Feld	42
	4.2.2 Geladenes Teilchen im konstanten, homogenen Magnetfeld	44
	4.2.3 Freier Fall mit Berücksichtigung der Erdrotation	46
4.3	Impuls und Drehimpuls	48
	4.3.1 Impuls	48
	4.3.2 Impulssatz und Galilei-Invarianz	49
	4.3.3 Beispiel: Rakete im schwerefreien Raum	50
	4.3.4 Drehimpuls	51
	4.3.5 Drehimpulserhaltung und Galilei-Invarianz	52
	4.3.6 Beispiele	53
	4.3.7 Äußerer und innerer Drehimpuls	54
	4.3.8 Austausch von Impuls und Drehimpuls beim Stoß zweier (oder mehrerer) Teilchen	56
4.4	Energie	56
	4.4.1 Kinetische Energie und Arbeit	56
	4.4.2 Konservative Kräfte, potentielle Energie, Energiesatz	59
	4.4.3 Invarianzen von U; Separation der Schwerpunktsenergie	62
	4.4.4 Zwangskräfte; Reibungskräfte	64

Nach den vorbereitenden Definitionen und Untersuchungen in den vorangegangenen Kapiteln werden wir in diesem Kapitel allgemein Kräfte definieren und Newtons Bewegungsgleichungen ableiten; deren Lösung wird die Trajektorie eines Massenpunkts in Raum und Zeit liefern. Beispiele für charakteristische Problemstellungen werden vorgestellt und die expliziten Lösungen im Detail berechnet. Es wird sich herausstellen, daß es anstelle von

Geschwindigkeiten oder Winkelgeschwindigkeiten vorteilhafter ist, Impulse und Drehimpulse von Teilchen einzuführen, da für geschlossene Systeme – ohne äußere Kräfte – der Gesamtimpuls eine Erhaltungsgröße ist. Dieses gilt auch für den Drehimpuls, wenn kein äußeres Drehmoment auf das System wirkt. Als Nächstes betrachten wir den Zusammenhang zwischen der Arbeit, die durch eine Kraft auf ein Teilchen entlang seiner Trajektorie verrichtet wird, und der kinetischen Energie. Im Falle konservativer Kräfte können wir eine potentielle Energie $U(\vec{r})$ einführen, die es erlaubt, die tatsächliche Kraft durch ihren negativen Gradienten zu berechnen. Dann kann die Energie des Systems durch die Summe aus kinetischer und potentieller Energie definiert werden und – für geschlossene Systeme – wird auch diese sich als eine Erhaltungsgröße erweisen.

4.1 Folgerungen aus den Newton'schen Axiomen

Die explizite Formulierung der Newton'schen Axiome ist in Abschn. 1.2 gegeben.

4.1.1 Masse

Die Kombination des 2. und 3. Axioms ergibt für den Stoß zweier Teilchen mit den Massen m_1 und m_2:

$$\frac{d}{dt}(m_1 \vec{v}_1) = \vec{F}_{12} \tag{4.1}$$

$$\frac{d}{dt}(m_2 \vec{v}_2) = \vec{F}_{21} = -\vec{F}_{12}. \tag{4.2}$$

Es folgt:

$$\frac{d}{dt}(\vec{p}_1 + \vec{p}_2) = 0 \tag{4.3}$$

mit

$$\vec{p}_i = m_i \vec{v}_i \tag{4.4}$$

als **Impuls** der Teilchen ($i = 1,2$). Die Summe der Impulse beim Stoß ist zeitlich konstant:

$$\vec{p}_1{}' - \vec{p}_1 = \Delta \vec{p}_1 = -\Delta \vec{p}_2 = -(\vec{p}_2{}' - \vec{p}_2) \tag{4.5}$$

oder

$$\frac{m_2}{m_1} = \frac{|\Delta \vec{v}_1|}{|\Delta \vec{v}_2|}, \tag{4.6}$$

wenn die Masse eine vom Bewegungszustand des Körpers unabhängige Eigenschaft des Körpers ist.

Obige Gleichung können wir als eine operationelle Definition von **Masse** ansehen: Wir können durch Messung von Geschwindigkeiten das Verhältnis je zweier Massen bestimmen, d. h. bei Vorgabe einer beliebig, aber fest zu wählenden **Einheitsmasse** m_1 die Masse m_2 relativ zu m_1 bestimmen. Die Frage, ob die Masse eventuell geschwindigkeitsabhängig ist, kann durch Stoßexperimente beantwortet werden: Man findet, daß in der nichtrelativistischen Mechanik ($v \ll c$) die Masse als unabhängig von der Geschwindigkeit angenommen werden darf.

4.1.2 Kraft

Da wir die Masse als Skalar eingeführt haben, ist die Kraft nach dem 2. Axiom wie die Beschleunigung ein Vektor:

$$\vec{F} = m\vec{a}. \tag{4.7}$$

Aus dem Vektorcharakter der Kraft folgt noch nicht das Superpositionsprinzip (4. Axiom)

$$\vec{F} = \vec{F}_1 + \vec{F}_2, \tag{4.8}$$

denn dem Vektorcharakter der Kraft wäre auch Genüge getan, wenn die resultierende Kraft

$$\vec{F} = \vec{F}_1 + \vec{F}_2 + \vec{f}(\vec{F}_1, \vec{F}_2) \tag{4.9}$$

wäre. Die Funktion $\vec{f}$ soll hier einer möglichen gegenseitigen Beeinflussung der Kräfte $\vec{F}_1$ und $\vec{F}_2$ Rechnung tragen. Das Superpositionsprinzip ist also ein **unabhängiges** Axiom, welches nicht automatisch aus dem Vektorcharakter der Kraft folgt.

4.1.3 Bewegungsgleichungen

Für ein System von N Massenpunkten gelten die Bewegungsgleichungen

$$m_i \vec{a}_i = \vec{F}_i, \quad i = 1, 2, 3, \ldots, N \tag{4.10}$$

wobei $\vec{F}_i$ die insgesamt auf Teilchen i wirkende Kraft ist. Sie setzt sich additiv zusammen aus

1. **inneren Kräften,**
   von der Wechselwirkung mit den $(N-1)$ Teilchen, für die das 3. Axiom gilt.
2. **äußeren Kräften,**
   herrührend vom Einfluß der Umgebung.

Mathemathisch gesehen sind die Bewegungsgleichungen ein im allgemeinen gekoppeltes System von Differentialgleichungen 2. Ordnung für die zu berechnenden Bahnen $\vec{r}_i(t)$. Man erhält eindeutige Lösungen, wenn die Anfangsbedingungen

$$\vec{r}_i(0) = \vec{r}_i{}^\circ \tag{4.11}$$

$$\vec{v}_i(0) = \vec{v}_i{}^\circ \tag{4.12}$$

bekannt sind. Dies sind $2 \cdot 3 \cdot N = 6N$ Randbedingungen.

Beispiel Bewegung eines Teilchens in 1 Dimension:

Aus der Bewegungsgleichung

$$m\ddot{x} = F \tag{4.13}$$

folgt

$$\dot{x}(t) = \frac{1}{m}\int_{t_0}^{t} F\,dt' + c_1 \tag{4.14}$$

und weiter

$$x(t) = \int_{t_0}^{t} \dot{x}(t')\,dt' + c_2. \tag{4.15}$$

Die beiden Integrationskonstanten c_1 und c_2 sind bestimmt, sobald die Anfangsbedingungen für $t_0 = 0$ bekannt sind:

$$\dot{x}(t_0) = c_1, \quad x(t_0) = c_2. \tag{4.16}$$

4.2 Beispiele für die Lösung von Bewegungsgleichungen

4.2.1 Geladenes Teilchen im homogenen elektrischen Feld

Die Kraft auf eine Punktladung q in einem elektrostatischen Feld ist gegeben durch

$$\vec{F} = q\vec{E}, \tag{4.17}$$

4.2 Beispiele für die Lösung von Bewegungsgleichungen

wobei $\vec{E}$ die elektrische Feldstärke ist, die wir als räumlich und zeitlich konstant ansehen wollen.

Die Bewegungsgleichung lautet dann:

$$m\vec{a} = q\vec{E}. \tag{4.18}$$

Wählen wir das Koordinatensystem so, daß

$$\vec{E} = \begin{pmatrix} 0 \\ 0 \\ E_z \end{pmatrix}, \tag{4.19}$$

so vereinfachen sich die Bewegungsgleichungen zu:

$$\ddot{x} = 0 \quad \ddot{y} = 0 \quad \ddot{z} = \frac{q}{m}E_z \;. \tag{4.20}$$

Durch Integration erhalten wir

$$\dot{x} = v_x(0) \quad \dot{y} = v_y(0) \quad \dot{z} = \frac{qE_z}{m}t + v_z(0) \tag{4.21}$$

für die Geschwindigkeit. Nochmalige Integration führt auf

$$x = x_0 + v_x(0)t \quad y = y_0 + v_y(0)t \quad z = z_0 + v_z(0)t + \frac{qE_z}{2m}t^2. \tag{4.22}$$

In Vektorschreibweise:

$$\vec{r}(t) = \vec{r}_0 + \vec{v}(0)t + \frac{q}{2m}\vec{E}t^2. \tag{4.23}$$

Wichtige Spezialfälle

1. $\vec{v}(0)$ parallel $\vec{E}$. Wir erhalten

$$x, y = \text{const.} \quad z = z_0 + v_z(0)t + \frac{q}{2m}E_z t^2 \;; \tag{4.24}$$

es liegt eine geradlinig beschleunigte Bewegung vor wie beim freien Fall.

2. $\vec{v}(0)$ senkrecht zu $\vec{E}$.

Mit geeigneter Koordinatenwahl erhalten wir für $\vec{v}(0) = v_y(0)\vec{e}_y$

$$x(t) = 0 \quad y(t) = v_y(0)t \quad z(t) = \frac{qE_z}{2m}t^2. \tag{4.25}$$

Für die Bahn ergibt sich (wie beim Wurf) eine Parabel:

$$z(t) = \frac{qE_z}{2mv_y^2(0)}y^2(t). \tag{4.26}$$

4.2.2 Geladenes Teilchen im konstanten, homogenen Magnetfeld

Auf ein Teilchen mit der Ladung q und der Geschwindigkeit $\vec{v}$ in einem Magnetfeld $\vec{B}$ wirkt die Kraft

$$\vec{F} = \frac{q}{c}(\vec{v} \times \vec{B}) \quad (c: \text{Lichtgeschwindigkeit}) \ . \tag{4.27}$$

Legen wir das Koordinatensystem so, daß

$$\vec{B} = \begin{pmatrix} 0 \\ 0 \\ B_z \end{pmatrix}, \tag{4.28}$$

so wird:

$$\vec{v} \times \vec{B} = \begin{pmatrix} v_y B_z \\ -v_x B_z \\ 0 \end{pmatrix}. \tag{4.29}$$

Die Bewegungsgleichung lautet dann:

$$a_x = \frac{q}{mc} v_y B_z \qquad a_y = -\frac{q}{mc} v_x B_z \qquad a_z = 0. \tag{4.30}$$

Offensichtlich ist die Beschleunigung $\vec{a}$ senkrecht zu $\vec{v}$,

$$\vec{v} \cdot \vec{a} = 0, \tag{4.31}$$

also

$$\frac{d}{dt} v^2 = \frac{d}{dt}(\vec{v} \cdot \vec{v}) = 2\vec{v} \cdot \vec{a} = 0 \tag{4.32}$$

oder

$$v^2 = \text{const.} \tag{4.33}$$

In z-Richtung ist die Bewegung trivial:

$$v_z = \text{const., also: } z(t) = z_0 + v_z(0)t. \tag{4.34}$$

In x, y-Richtung sind die Bewegungsgleichungen gekoppelt. Zur Lösung führen wir zunächst die komplexe Hilfsgröße

$$Q(t) = x(t) + iy(t) \tag{4.35}$$

ein. Differentiation nach t ergibt

$$\dot{Q} = \dot{x} + i\dot{y} = v_x + iv_y \tag{4.36}$$

$$\ddot{Q} = \ddot{x} + i\ddot{y} = a_x + ia_y. \tag{4.37}$$

Für die Variable $a_x + ia_y$ folgt

4.2 Beispiele für die Lösung von Bewegungsgleichungen

$$a_x + i a_y = \frac{q B_z}{mc}(v_y - i v_x) \tag{4.38}$$

oder

$$\ddot{Q} = -i \frac{q B_z}{mc} \dot{Q}. \tag{4.39}$$

Mit dem **Lösungsansatz,**

$$Q = Q_0 e^{\lambda t}, \tag{4.40}$$

folgt durch Einsetzen:

$$\lambda^2 = -i\omega\lambda \quad \text{mit} \quad \omega = \frac{q B_z}{mc}, \tag{4.41}$$

also

$$\lambda = 0 \text{ oder } \lambda = -i\omega. \tag{4.42}$$

Die allgemeine Lösung ergibt sich dann zu:

$$Q = Q_{01} + Q_{02} e^{-i\omega t}. \tag{4.43}$$

Die 2 komplexen Konstanten Q_{01} und Q_{02} werden bestimmt durch die 4 reellen Anfangsbedingungen für $x(0)$, $y(0)$, $\dot{x}(0)$ und $\dot{y}(0)$:

$$x(0) + i y(0) = Q(0) = Q_{01} + Q_{02} \tag{4.44}$$

$$\dot{x}(0) + i \dot{y}(0) = -i\omega Q_{02}. \tag{4.45}$$

Schreibt man Q_{02} als

$$Q_{02} = \varrho e^{i\alpha} = (\varrho \cos\alpha + i\varrho \sin\alpha), \tag{4.46}$$

d. h. in Polarkoordinaten, so folgt:

$$\dot{x}(0)^2 + \dot{y}(0)^2 = v_\perp^2 = \omega^2 \varrho^2. \tag{4.47}$$

Also ist

$$\varrho = v_\perp / \omega, \tag{4.48}$$

wobei $v_\perp$ der Betrag der Geschwindigkeit senkrecht zur z-Richtung ist. Für die Phase α findet man analog:

$$\tan\alpha = -\frac{\dot{x}(0)}{\dot{y}(0)}. \tag{4.49}$$

Teilt man $Q(t)$ (4.43) wieder nach Real- und Imaginär-Teil auf, so erhält man:

$$x = x_0 + \varrho \cos(\alpha - \omega t), \tag{4.50}$$

$$y = y_0 + \varrho \sin(\alpha - \omega t) \tag{4.51}$$

mit $x_0 = x(0) - \rho \cos\alpha$ und $y_0 = y(0) - \rho \sin\alpha$. Die Bahnkurve beschreibt dann einen Kreis

$$(x - x_0)^2 + (y - y_0)^2 = \varrho^2 \qquad (4.52)$$

mit Radius ϱ und Mittelpunkt (x_0, y_0).

4.2.3 Freier Fall mit Berücksichtigung der Erdrotation

Approximatives Inertialsystem
Wir wählen ein System Σ', dessen Ursprung im Erdmittelpunkt liegt und dessen Achsenrichtungen fest relativ zu den Fixsternen definiert sind. In Σ' gilt dann (approximativ):

$$m\vec{a}\,' = \vec{F}, \qquad (4.53)$$

wobei $\vec{F}$ die Gravitationskraft zwischen dem Massenpunkt der Masse m und der Erde bedeutet.

Wir begeben uns nun in ein starr mit der Erde rotierendes System Σ, dessen Ursprung auf der Erdoberfläche liegt. Dann gilt nach Kap. 3.2.4 (unter Vertauschung von Σ und Σ'):

$$\vec{a}\,' = \ddot{\vec{R}} + \vec{a} + 2(\vec{\omega} \times \vec{v}) + \vec{\omega} \times (\vec{\omega} \times \vec{r}), \qquad (4.54)$$

wobei $\vec{R}$ der Vektor vom Erdmittelpunkt σ' zum Ursprung σ des mit der Erde rotierenden Systems Σ ist. σ bewegt sich auf einer Kreisbahn mit der (konstanten) Winkelgeschwindigkeit $\vec{\omega}$ der Erdrotation. Daher gilt:

$$\ddot{\vec{R}} = \vec{\omega} \times (\vec{\omega} \times \vec{R}), \qquad (4.55)$$

so daß folgt:

$$\vec{a} = \vec{g}(\lambda) - 2(\vec{\omega} \times \vec{v}) - \vec{\omega} \times (\vec{\omega} \times \vec{r}), \qquad (4.56)$$

wobei

$$\vec{g}(\lambda) = \frac{\vec{F}}{m} - \vec{\omega} \times (\vec{\omega} \times \vec{R}) \qquad (4.57)$$

die **effektive** Schwerebeschleunigung ist.

Wir machen nun die Näherung, daß die Fallhöhe klein ist gegenüber dem Abstand R von Σ und Σ', d.h. $|\vec{r}| \ll |\vec{R}|$. Dann können wir $\vec{\omega} \times (\vec{\omega} \times \vec{r})$ gegenüber $\vec{\omega} \times (\vec{\omega} \times \vec{R})$ vernachlässigen. Die Achsen des Systems Σ legen wir wie folgt fest: die z-Achse antiparallel zur effektiven Schwerebeschleunigung $\vec{g}(\lambda)$, die x-Achse in Nord-Süd-Richtung, die y-Achse in West-Ost-Richtung. Dann wird:

$$\vec{\omega} = -\omega \sin\gamma \vec{e}_x + \omega \cos\gamma \vec{e}_z, \qquad (4.58)$$

wobei γ der Winkel zwischen $\vec{e}_z$ und $\vec{e}_{z'}$ ist.

4.2 Beispiele für die Lösung von Bewegungsgleichungen

Als Bewegungsgleichungen erhalten wir:

$$\ddot{x} = 2\dot{y}\omega\cos\gamma \qquad (4.59)$$

$$\ddot{y} = -2\dot{z}\omega\sin\gamma - 2\dot{x}\omega\cos\gamma \qquad (4.60)$$

$$\ddot{z} = -g(\lambda) + 2\dot{y}\omega\sin\gamma. \qquad (4.61)$$

Als Anfangsbedingungen setzen wir:

$$x(0) = 0 \quad \dot{x}(0) = 0 \qquad (4.62)$$

$$y(0) = 0 \quad \dot{y}(0) = 0 \qquad (4.63)$$

$$z(0) = z_0 \quad \dot{z}(0) = 0. \qquad (4.64)$$

Da die Corioliskraft eine kleine Korrektur gegenüber der Schwerkraft ist, können wir die Lösung als Taylor-Reihe bzgl. ω schreiben:

$$x = x_1 + \omega x_2 + \cdots \qquad (4.65)$$

$$y = y_1 + \omega y_2 + \cdots \qquad (4.66)$$

$$z = z_1 + \omega z_2 + \cdots \qquad (4.67)$$

Diesen Ansatz setzt man in die Bewegungsgleichungen (4.59), (4.60), (4.61) ein und beachtet, daß sie identisch in ω erfüllt sein muß. Man erhält:

$$\ddot{x}_1 = 0 \quad \ddot{y}_1 = 0 \quad \ddot{z}_1 = -g(\lambda), \qquad (4.68)$$

und

$$\ddot{x}_2 = 2\dot{y}_1\cos\gamma \qquad (4.69)$$

$$\ddot{y}_2 = -2\dot{z}_1\sin\gamma - 2\dot{x}_1\cos\gamma \qquad (4.70)$$

$$\ddot{z}_2 = 2\dot{y}_1\sin\gamma \qquad (4.71)$$

für die in ω linearen Terme.

Dies führt auf:

$$x_1 = 0 \quad y_1 = 0 \quad z_1 = z_0 - \frac{1}{2}g(\lambda)t^2 \qquad (4.72)$$

und

$$\ddot{x}_2 = 0 \qquad (4.73)$$

$$\ddot{y}_2 = 2gt\sin\gamma \qquad (4.74)$$

$$\ddot{z}_2 = 0. \qquad (4.75)$$

Eine spezielle Lösung ist:

$$x_2 = 0 \quad y_2 = \frac{1}{3}gt^3 \sin \gamma \quad z_2 = 0. \tag{4.76}$$

Die vollständige Lösung lautet dann:

$$x = 0 \quad y = \frac{\omega}{3}gt^3 \sin \gamma \quad z = z_0 - \frac{1}{2}gt^2. \tag{4.77}$$

Man erhält also eine **Ostabweichung** vom normalen Fallgesetz.

Abschätzung Für $\gamma = 45°$ und $z_0 = 100 m$ ist die Abweichung $y \approx 1{,}5$ cm. Der Effekt ist maximal am Äquator.

4.3 Impuls und Drehimpuls

4.3.1 Impuls

Der Impuls eines Teilchens der Masse m ist definiert als

$$\vec{p} = m\vec{v}, \tag{4.78}$$

wenn $\vec{v}$ seine Geschwindigkeit ist. Da m ein Skalar und $\vec{v}$ ein Vektor ist, ist auch $\vec{p}$ ein Vektor. Die Newton'sche Bewegungsgleichung lautet somit:

$$\frac{d\vec{p}}{dt} = \vec{F}, \tag{4.79}$$

in Worten: **Kraft gleich zeitliche Änderung des Impulses.** Wirkt keine Kraft, so ist der Impuls des Teilchens zeitlich konstant:

$$\frac{d\vec{p}}{dt} = \vec{0} \rightarrow \vec{p} = \text{const.} \tag{4.80}$$

Für ein System von N Teilchen mit den Massen m_i ist der Impuls des i-ten Teilchens gegeben durch:

$$\vec{p}_i = m_i \vec{v}_i. \tag{4.81}$$

Seine Bewegungsgleichung lautet:

$$\frac{d\vec{p}_i}{dt} = \vec{F}_i, \tag{4.82}$$

wobei $\vec{F}_i$ die gesamte auf das i-te Teilchen wirkende Kraft ist.

4.3 Impuls und Drehimpuls

Der Gesamtimpuls der N Teilchen

$$\vec{P} = \sum_{i=1}^{N} \vec{p}_i = M\vec{v}_s \qquad (4.83)$$

ist für ein abgeschlossenes System eine Erhaltungsgröße (Konstante der Bewegung). Es gilt:

$$\frac{d\vec{P}}{dt} = \sum_{i=1}^{N} \vec{F}_i = \vec{F}_a, \qquad (4.84)$$

wobei $\vec{F}_a$ die Resultierende aller äußeren Kräfte ist,

$$\vec{F}_a = \sum_{i=1}^{N} \vec{F}_{ia}. \qquad (4.85)$$

Die inneren Kräfte heben sich paarweise auf, da zu jedem Term $\vec{F}_{ij}$ auch $\vec{F}_{ji} = -\vec{F}_{ij}$ in $\sum_i \vec{F}_i$ auftritt. Für ein abgeschlossenes System gilt:

$$\vec{F}_{ia} = 0, \text{ also auch } \vec{F}_a = 0, \qquad (4.86)$$

$$\frac{d\vec{P}}{dt} = 0 \rightarrow \vec{P} = \text{const.} \qquad (4.87)$$

Entscheidend für die Impulserhaltung eines abgeschlossenen Systems ist also das 3. Newton'sche Axiom.

4.3.2 Impulssatz und Galilei-Invarianz

Wir nehmen an, daß der Impulssatz in einem Inertialsystem Σ_v gilt:

$$\sum_{i=1}^{N} m_i \vec{v}_i = \sum_{i=1}^{N'} m'_i \vec{v}'_i, \qquad (4.88)$$

wobei m_i, $\vec{v}_i$ die Massen und Geschwindigkeiten zu irgendeiner Zeit t, m'_i, $\vec{v}'_i$ zu einer anderen Zeit t' sind. Durch die Unterscheidung von m_i und m'_i sowie von N und N' lassen wir Massenaustausch zwischen den Teilchen zu.

Der Impulssatz muß nach dem Relativitätsprinzip auch in jedem anderen Inertialsystem Σ_u gelten:

$$\sum_{i=1}^{N} m_i \vec{u}_i = \sum_{i=1}^{N'} m'_i \vec{u}'_i . \tag{4.89}$$

Dies hat den Erhaltungssatz für die Masse

$$M = \sum_{i=1}^{N} m_i = \sum_{i=1}^{N'} m'_i \tag{4.90}$$

zur Folge.

Beweis Wenn $\vec{v} \neq 0$ die Geschwindigkeit der Systeme Σ_v und Σ_u relativ zueinander ist, so gilt:

$$\vec{v}_i = \vec{u}_i + \vec{v} \; ; \; \vec{v}'_i = \vec{u}'_i + \vec{v} . \tag{4.91}$$

Damit lautet (4.88):

$$\sum_{i=1}^{N} m_i \vec{u}_i + \vec{v} \sum_{i=1}^{N} m_i = \sum_{i=1}^{N'} m'_i \vec{u}'_i + \sum_{i=1}^{N'} m'_i \vec{v} , \tag{4.92}$$

und es folgt die Behauptung, da

$$\vec{0} = \vec{v} \left(\sum_{i}^{N} m_i - \sum_{i}^{N'} m_{i'} \right) . \tag{4.93}$$

Nach dem Galilei'schen Relativitätsprinzip sind also **Impulssatz** und **Massenerhaltung** miteinander verkoppelt (Hinweis: Die Beziehung gilt nicht in der relativistischen Mechanik).

4.3.3 Beispiel: Rakete im schwerefreien Raum

Gesucht ist die Geschwindigkeit der Rakete als Funktion der sich zeitlich ändernden Masse. Zur Verfügung steht der Impulssatz, da im schwerelosen Raum keine äußere Kraft auf die Rakete wirkt.

Diesen können wir dann wie folgt formulieren: Zur Zeit t habe die Rakete die Masse $m = m(t)$ und die Geschwindigkeit $v = v(t)$ relativ zur Erde, die wir als Inertialsystem ansehen wollen. In der Zeit Δt ändere sich die Raketenmasse um $\Delta m < 0$; dann hat die Rakete zur Zeit $t + \Delta t$ die Masse $(m + \Delta m)$ bei geänderter Geschwindigkeit $(v + \Delta v)$. Die (positive) abgestoßene Gasmenge $(-\Delta m)$ hat die Geschwindigkeit $(-v_G + v + \Delta v)$ relativ zur Erde. Nach dem Impulssatz gilt dann:

$$mv = (m + \Delta m)(v + \Delta v) + (-\Delta m)(-v_G + v + \Delta v) \tag{4.94}$$

oder

$$0 = m\Delta v + \Delta m v_G . \tag{4.95}$$

Für die Änderung der Geschwindigkeit folgt:

$$\frac{\Delta v}{\Delta t} = -v_G \frac{1}{m} \frac{\Delta m}{\Delta t} \tag{4.96}$$

oder im Limes $\Delta t \to 0$:

$$\frac{dv}{dt} = -v_G \frac{1}{m} \frac{dm}{dt} . \tag{4.97}$$

Integration in der Zeit ergibt:

$$v = v_0 + v_G \ln\left(\frac{m_0}{m}\right) , \tag{4.98}$$

wenn die Rakete zur Zeit t_0 die Masse m_0 und die Geschwindigkeit v_0 hatte.

4.3.4 Drehimpuls

Der Drehimpuls $\vec{l}$ eines Teilchens mit dem Impuls $\vec{p}$ am Ort $\vec{r}$ ist definiert durch

$$\vec{l} = \vec{r} \times \vec{p} . \tag{4.99}$$

Mit $d\vec{p}/dt = \vec{F}$ folgt

$$\frac{d\vec{l}}{dt} = \vec{r} \times \vec{F} , \tag{4.100}$$

da $\dot{\vec{r}} \times \vec{p} = 0$, d. h. die zeitliche Änderung von $\vec{l}$ ist bestimmt durch das **Drehmoment**

$$\vec{n} = \vec{r} \times \vec{F} . \tag{4.101}$$

Wirkt kein Drehmoment, $\vec{n} = 0$, so ist der Drehimpuls konstant:

$$\frac{d\vec{l}}{dt} = 0 \to \vec{l} = \text{const.} \tag{4.102}$$

Dies ist erfüllt für

1. $\vec{F} = 0$ trivialerweise und für
2. **Zentralkräfte**

$$\vec{F} = k(r)\vec{r}, \tag{4.103}$$

wie z. B. bei den wichtigen Fällen der Gravitationskraft oder der Coulombkraft, da $k(r)$ eine skalare Funktion ist.

Für N Teilchen definieren wir den Gesamtdrehimpuls wie folgt:

$$\vec{L} = \sum_{i=1}^{N} \vec{l}_i = \sum_{i=1}^{N} (\vec{r}_i \times \vec{p}_i). \tag{4.104}$$

Die zeitliche Änderung ist dann:

$$\frac{d\vec{L}}{dt} = \sum_{i=1}^{N} (\vec{r}_i \times \vec{F}_i) = \sum_{i=1}^{N} \vec{n}_i = \vec{N}. \tag{4.105}$$

Der Drehimpuls $\vec{L}$ ist also zeitlich konstant, wenn das Gesamt-Drehmoment $\vec{N}$ verschwindet.

4.3.5 Drehimpulserhaltung und Galilei-Invarianz

Wir nehmen an, daß der Drehimpuls des betrachteten Systems in irgendeinem Inertialsystem Σ_v erhalten sei. Für den Übergang von Σ_v in ein anderes Inertialsystem Σ_u gilt:

4.3 Impuls und Drehimpuls

$$\vec{r}_i \to \vec{r}_i - \vec{v}t \,; \quad \vec{v}_i \to \vec{u}_i = \vec{v}_i - \vec{v}, \tag{4.106}$$

wenn $\vec{v}$ die Relativgeschwindigkeit zwischen Σ_u und Σ_v ist. Es folgt:

$$\sum_i (\vec{r}_i \times \vec{p}_i) \to \sum_i (\vec{r}_i - \vec{v}t) \times (\vec{p}_i - m_i\vec{v}) \tag{4.107}$$

oder

$$\vec{L} \to \vec{L} + M\vec{v} \times (\vec{r}_s - \vec{v}_s t), \tag{4.108}$$

wobei M die Gesamtmasse, $\vec{r}_s$ und $\vec{v}_s$ Ort und Geschwindigkeit des Schwerpunktes angeben. Wenn keine äußere Kraft wirkt, bewegt sich der Schwerpunkt geradlinig gleichförmig, also ist

$$\vec{r}_s - \vec{v}_s t = \text{const.} \tag{4.109}$$

⇒ Der Drehimpuls $\vec{L}$ ändert sich beim Übergang $\Sigma_v \to \Sigma_u$ nur um eine additive Konstante.

4.3.6 Beispiele

Gleichförmige Kreisbewegung

Der Drehimpuls $\vec{l} = \vec{r} \times \vec{p}$ steht senkrecht zur Kreisebene und hat den Betrag

$$l = m\omega r^2. \tag{4.110}$$

Er ist konstant, da für die gleichförmige Kreisbewegung ω und r konstant sind.

Flächensatz

Für einen Massepunkt unter dem Einfluß einer beliebigen Zentralkraft folgt aus der Drehimpulserhaltung,

1. daß die Bewegung in einer Ebene stattfindet, aufgespannt durch $\vec{r}$ und $\vec{v}$, und
2. daß die **Flächengeschwindigkeit** (Änderung der Fläche $\vec{F}$ pro Zeit) konstant ist,

$$\frac{d\vec{F}}{dt} = \text{const.} \tag{4.111}$$

Beweis Wir betrachten die von 2 benachbarten Ortsvektoren $\vec{r}$ und $\vec{r} + \Delta\vec{r}$ aufgespannte Fläche F (siehe Abb. 4.1):

Abb. 4.1 Fläche F, die durch 2 benachbarte Ortsvektoren $\vec{r}$ und $\vec{r} + \Delta\vec{r}$ aufgespannt wird

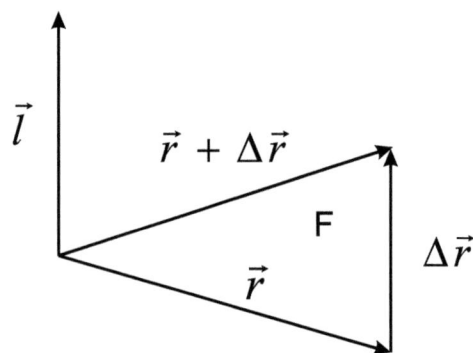

$$\Delta\vec{F} = \frac{1}{2}(\vec{r} \times [\vec{r} + \Delta\vec{r}]) = \frac{1}{2}(\vec{r} \times \Delta\vec{r}) \quad , \tag{4.112}$$

da $\vec{r} \times \vec{r} = \vec{0}$. Die **Flächengeschwindigkeit** ist dann:

$$\frac{d\vec{F}}{dt} = \frac{1}{2}(\vec{r} \times \vec{v}) = \frac{\vec{l}}{2m} = \text{const.} \tag{4.113}$$

(siehe Kepler'sche Gesetze)

4.3.7 Äußerer und innerer Drehimpuls

Wir führen als Koordinaten ein:

- die Schwerpunktkoordinate

$$\vec{r}_s = \frac{1}{M}\sum_{i=1}^{N} m_i \vec{r}_i \quad ; \quad M = \sum_i m_i \tag{4.114}$$

und

- die Koordinaten der Teilchen im Schwerpunktsystem

$$\vec{r}_i{}^s = \vec{r}_i - \vec{r}_s. \tag{4.115}$$

4.3 Impuls und Drehimpuls

Dann läßt sich $\vec{L}$ umschreiben:

$$\vec{L} = \sum_i (\vec{r}_i{}^s + \vec{r}_s) \times (m_i \vec{v}_i{}^s + m_i \vec{v}_s) \qquad (4.116)$$

$$= \sum_i (\vec{r}_i{}^s \times \vec{p}_i{}^s) + (\vec{r}_s \times \vec{p}_s) = \vec{L}_{\text{int}} + \vec{L}_s \,,$$

wenn man benutzt:

$$\sum_i m_i \vec{r}_i{}^s = 0 \;;\; \sum_i m_i \vec{v}_i{}^s = 0. \qquad (4.117)$$

Der 1. Term in (4.116) $\vec{L}_{\text{int}}$ heißt **innerer Drehimpuls**; er ist bezogen auf den Schwerpunkt und unabhängig von dessen Bewegung im Raum, also unabhängig vom Beobachter. Der 2. Term $\vec{L}_s$ heißt **äußerer Drehimpuls**; er entspricht dem Drehimpuls eines Teilchens der Masse M und ist über $\vec{r}_s$ abhängig vom Ursprung des Koordinatensystems, also abhängig vom Beobachter.

Die zeitliche Änderung von $\vec{L}$ ergibt sich zu:

$$\frac{d\vec{L}}{dt} = \frac{d\vec{L}_{\text{int}}}{dt} + \frac{d\vec{L}_s}{dt}, \qquad (4.118)$$

wobei

$$\frac{d\vec{L}_s}{dt} = \vec{r}_s \times \frac{d\vec{p}_s}{dt} = \vec{r}_s \times \vec{F}_a . \qquad (4.119)$$

Wirkt keine äußere Kraft, $\vec{F}_a = 0$, so wird

$$\vec{L}_s = \text{const.} \,, \qquad (4.120)$$

und die Änderung von $\vec{L}$ rührt nur von der Änderung von $\vec{L}_{\text{int}}$ her.

Um diese Änderung genauer zu untersuchen, zerlegen wir das Drehmoment

$$\vec{N} = \sum_i \left(\vec{r}_i \times \left[\vec{F}_{ia} + \sum_{j \neq i} \vec{F}_{ij} \right] \right) = \sum_i (\vec{r}_i \times \vec{F}_{ia}) + \sum_{i<j} (\vec{r}_i - \vec{r}_j) \times \vec{F}_{ij}. \quad (4.121)$$

Dabei ist $\vec{F}_{ia}$ die auf Teilchen i wirkende äußere Kraft, und es wurde benutzt, daß $\vec{F}_{ij} = -\vec{F}_{ji}$ nach dem Actio=Reactio-Prinzip. Die weitere Diskussion wird nur für den Fall einfach, daß die inneren Kräfte Zentralkräfte sind, also $\vec{F}_{ij}$ parallel $\vec{r}_{ij} = \vec{r}_i - \vec{r}_j$ ist. Dann entfällt der 2. Term und es wird:

$$\vec{N} = \sum_i (\vec{r}_i \times \vec{F}_{ia}) = \vec{N}_a ; \qquad (4.122)$$

d. h. das Drehmoment rührt dann nur von den äußeren Kräften her. Für ein **abgeschlossenes System,** für das

$$\vec{F}_a = 0 ; \quad \vec{N}_a = 0 \qquad (4.123)$$

ist, wird dann

$$\vec{L} = \text{const.}, \quad \vec{L}_s = \text{const.}, \text{ also auch } \vec{L}_{\text{int}} = \text{const.} \qquad (4.124)$$

4.3.8 Austausch von Impuls und Drehimpuls beim Stoß zweier (oder mehrerer) Teilchen

Wir betrachten den Stoß zweier Teilchen, zwischen denen eine Zentralkraft wirkt; äußere Kräfte seien nicht vorhanden. Dann gelten Impuls- und Drehimpuls-Erhaltung:

$$\vec{l}_1 + \vec{l}_2 = \vec{l}_1{}' + \vec{l}_2{}' \qquad (4.125)$$

vor dem Stoß   nach dem Stoß

$$\vec{p}_1 + \vec{p}_2 = \vec{p}_1{}' + \vec{p}_2{}'.$$

Für die Änderung von Impuls und Drehimpuls von Teilchen 1 bzw. 2 folgt:

$$\Delta \vec{p}_1 = -\Delta \vec{p}_2 \quad : \text{Impuls-Austausch} \qquad (4.126)$$

und

$$\Delta \vec{l}_1 = -\Delta \vec{l}_2 \quad : \text{Drehimpuls-Austausch} \qquad (4.127)$$

4.4 Energie

Außer Impuls und Drehimpuls liefert die Energie wesentliche Auskunft über ein physikalisches System; für viele wichtige Fälle ist die Energie zudem eine Erhaltungsgröße.

4.4.1 Kinetische Energie und Arbeit

Ein Massepunkt der Masse m möge sich unter dem Einfluß einer Kraft $\vec{F}$ auf einer Bahn $\vec{r}(t)$ vom Punkt a nach b bewegen. Die **von der Kraft $\vec{F}$ an dem Massepunkt längs des Weges von a nach b geleistete Arbeit** W_{ab} definieren wir durch das Linienintegral

4.4 Energie

$$W_{ab} = \int_a^b \vec{F} \cdot d\vec{r} \qquad (4.128)$$

gebildet längs der Teilchenbahn $\vec{r}(t)$. Entscheidend für die geleistete Arbeit ist die Komponente der Kraft in Richtung des Weges; dem trägt das Skalarprodukt Rechnung. Die Arbeit ist dann ein Skalar.

Der Zusammenhang der Arbeit W_{ab} mit der kinetischen Energie des Massenpunktes folgt aus:

$$m \frac{d\vec{v}}{dt} = \vec{F} \quad . \qquad (4.129)$$

Durch Bildung des Skalarproduktes mit $\vec{v}$ und Integration in der Zeit folgt:

$$\int_{t_a}^{t_b} m \left(\frac{d\vec{v}}{dt} \cdot \vec{v} \right) dt = \int_{t_a}^{t_b} \left(\vec{F} \cdot \vec{v} \right) dt \quad . \qquad (4.130)$$

Die rechte Seite dieser Beziehung ist gerade die Arbeit:

$$\int_{t_a}^{t_b} \left(\vec{F} \cdot \vec{v} \right) dt = \int_{t_a}^{t_b} F_T v \, dt = \int_a^b F_T ds = \int_a^b \vec{F} \cdot d\vec{r} \; , \qquad (4.131)$$

wenn der Massepunkt sich zur Zeit $t_{a(b)}$ im Punkt $a(b)$ befindet. F_T bezeichnet die Komponente der Kraft $\vec{F}$ tangential zur Bahnkurve und s ist die Bogenlänge der durchlaufenen Bahn. Die linke Seite können wir integrieren:

$$m \int_{t_a}^{t_b} \left(\frac{d\vec{v}}{dt} \cdot \vec{v} \right) dt = m \int_{t_a}^{t_b} \frac{d}{dt} \left(\frac{v^2}{2} \right) dt = \frac{m}{2} \left(v_b^2 - v_a^2 \right) \qquad (4.132)$$

mit

$$v_a^2 = v(t_a)^2 \quad , \quad v_b^2 = v(t_b)^2 \quad . \qquad (4.133)$$

Definieren wir nun die **kinetische Energie** T eines Teilchens der Masse m bei der Geschwindigkeit $\vec{v}$ durch:

$$T = \frac{1}{2} m v^2 = \frac{p^2}{2m} \; , \qquad (4.134)$$

so finden wir

$$T_b - T_a = W_{ab} \; , \qquad (4.135)$$

in Worten:

> Die von der Kraft $\vec{F}$ längs des Weges von a nach b geleistete Arbeit ist gleich der Änderung der kinetischen Energie.

Beispiel: Freier Fall

Ein Körper der Masse m falle unter dem Einfluß der konstanten Schwerkraft aus der Höhe z_0, wo er sich zur Zeit $t = 0$ in Ruhe ($\vec{v}(0) = 0$) befinden möge. Für die von der Schwerkraft geleistete Arbeit folgt:

$$W_{z_0 \to 0} = -\int_{z_0}^{0} mg\,dz = +mgz_0 \;; \tag{4.136}$$

sie ist gleich der vor dem Aufprall auf die Erdoberfläche erreichten kinetischen Energie:

$$T_0 = \frac{m}{2}v_0^2 = mgz_0 \;, \tag{4.137}$$

da $T(0) = 0$ auf Grund der Anfangsbedingung.

Erweiterung auf ein System von N Teilchen

> Die kinetische Energie eines Systems von N Teilchen wird definiert durch
> $$T = \sum_{i=1}^{N} T_i = \sum_{i=1}^{N} \frac{1}{2}m_i v_i^2 \;. \tag{4.138}$$

Aus den Bewegungsgleichungen

$$m_i \frac{d\vec{v}_i}{dt} = \vec{F}_i \tag{4.139}$$

kann man wie oben herleiten:

> $$T_b - T_a = \sum_i \int_{t_a}^{t_b} \vec{F}_i \cdot \vec{v}_i \, dt = \sum_i \int_a^b F_{Ti}\,ds_i = \sum_i W_{ab}^i = W_{ab}\,, \tag{4.140}$$

wobei a und b für die Position der Teilchen $\vec{r}_i$ zu den Zeiten t_a und t_b stehen. F_{Ti} ist die Komponente der Kraft $\vec{F}_i$ tangential zur Bahn des i-ten Teilchens; s_i die zugehörige Bogenlänge.

4.4 Energie

Abb. 4.2 Illustration zweier unterschiedlicher Wege, die beide die Punkte a und b verbinden

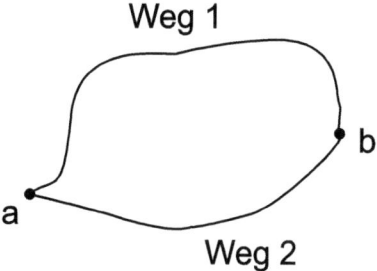

4.4.2 Konservative Kräfte, potentielle Energie, Energiesatz

Wir beschränken uns im Folgenden der Einfachheit halber auf 1 Massenpunkt. Die Definition der Arbeit hängt im allgemeinen nicht nur von den Integrationsgrenzen a, b ab, sondern auch vom Weg (siehe Abb. 4.2):

$$\underbrace{\int_{t_a}^{t_b} \vec{F} \cdot \vec{v} dt}_{\text{Weg 1}} \neq \underbrace{\int_{t_a}^{t_b} \vec{F} \cdot \vec{v} dt}_{\text{Weg 2}} . \tag{4.141}$$

Als besonders wichtig haben sich in der Physik solche Kräfte erwiesen, für die W_{ab} unabhängig vom Verlauf des Weges zwischen a und b wird. Solche Kräfte bezeichnen wir als **konservative Kräfte**. Im mathematischen Sinne nennen wir eine Kraft **konservativ**, wenn es eine skalare Funktion $U(\vec{r})$ gibt, so daß:

$$W_{ab} = \int_a^b \vec{F} \cdot \vec{ds} = U(a) - U(b) . \tag{4.142}$$

Die Funktion $U(\vec{r})$ heißt **potentielle Energie** des Teilchens am Ort $\vec{r}$. Sie ist nur bis auf eine additive Konstante bestimmt.

Folgerungen

Arbeit längs eines geschlossenen Weges

> Für eine konservative Kraft folgt für die Integration über einen beliebigen geschlossenen Weg:
> $$\oint \vec{F} \cdot \vec{ds} = \oint F_T ds = 0 . \tag{4.143}$$

Energiesatz

Für eine konservative Kraft ergibt sich:

$$T_b + U(b) = T_a + U(a) \,. \tag{4.144}$$

die Gesamtenergie des Teilchens

$$E = T + U \tag{4.145}$$

ist also konstant.

Beispiel: Massepunkt unter dem Einfluß der Schwerkraft

$$\int_{t_a}^{t_b} \vec{F} \cdot \vec{v} \, dt = -\int_a^b mg \, dz = mgz_a - mgz_b = U(a) - U(b) \,. \tag{4.146}$$

Da U nur bis auf eine additive Konstante festgelegt ist, können wir U so nominieren, daß an der Erdoberfläche $U(0) = 0$ ist. Dann ist die potentielle Energie $U(h) = mgh$ des Teilchens in der Höhe h über der Erdoberfläche gleich der Arbeit, die man gegen die Schwerkraft leisten muß, um den Massepunkt von der Erdoberfläche auf die Höhe h anzuheben, ohne seine kinetische Energie zu ändern. Fällt der Massepunkt aus der Höhe h „frei", so ist

$$E = \frac{1}{2}mv^2 + mgz = \text{const.} = mgh \tag{4.147}$$

für jeden Punkt der Bahn, falls der Massepunkt bei $z = h$ in Ruhe war. Die Zunahme an kinetischer Energie ist gleich der Abnahme der potentiellen Energie.

Berechnung der Kraft $\vec{F}$ aus der potentiellen Energie $U(\vec{r})$

$$\vec{F} = -\begin{pmatrix} \frac{\partial U}{\partial x} \\ \frac{\partial U}{\partial y} \\ \frac{\partial U}{\partial z} \end{pmatrix} = -\operatorname{grad} U = -\vec{\nabla} U \,. \tag{4.148}$$

Dabei bedeutet z. B. $\partial U/\partial x$ die **partielle Ableitung** der Funktion $U = U(x, y, z)$ bei festen Werten y, z.

4.4 Energie

Beweis

1. Aus Gl. (4.148) folgt

$$W_{ab} = \int_a^b F_T ds = U(a) - U(b),\qquad (4.149)$$

denn:

$$\int_{t_a}^{t_b} \vec{F}\cdot\vec{v}\,dt = -\int_a^b (\mathrm{grad}\,U)\cdot d\vec{r}$$

$$= -\int_a^b \left(\frac{\partial U}{\partial x}dx + \frac{\partial U}{\partial y}dy + \frac{\partial U}{\partial z}dz\right) = -\int_a^b dU = U(a) - U(b).\qquad (4.150)$$

Das **totale Differential** dU ist die Änderung von U beim Übergang vom Punkt $\vec{r}$ zum infinitesimal benachbarten Punkt $\vec{r} + d\vec{r}$:

$$dU = \frac{\partial U}{\partial x}dx + \frac{\partial U}{\partial y}dy + \frac{\partial U}{\partial z}dz = \mathrm{grad}\,U\cdot d\vec{r}.\qquad (4.151)$$

2. Gibt es eine Funktion U, welche

$$W_{ab} = \int_a^b F_T ds = U(a) - U(b)\qquad (4.152)$$

erfüllt, so ist

$$E = \frac{p^2}{2m} + U(\vec{r})\qquad (4.153)$$

die Gesamtenergie des Teilchens, und wegen der Energieerhaltung folgt für die zeitliche Ableitung von E:

$$\frac{dE}{dt} = \frac{d}{dt}\left(\frac{p^2}{2m}\right) + \frac{d}{dt}U(x,y,z)$$

$$= v_x\left(\frac{dp_x}{dt} + \frac{\partial U}{\partial x}\right) + v_y\left(\frac{dp_y}{dt} + \frac{\partial U}{\partial y}\right) + v_z\left(\frac{dp_z}{dt} + \frac{\partial U}{\partial z}\right) = 0.\qquad (4.154)$$

Wenn die Kraft $\vec{F}$ nicht von der Geschwindigkeit abhängt, sind die ( )-Klammern von $\vec{v}$ unabhängig. Da $\vec{v}$ beliebige Werte annehmen kann, folgt

$$\frac{dp_x}{dt} = F_x = -\frac{\partial U}{\partial x}\quad\text{etc. für } y,z.\qquad (4.155)$$

Für ein konservatives System von N Teilchen ergibt sich dann:

$$\vec{F}_i = -\mathrm{grad}_i U = -\vec{\nabla}_i U \qquad (4.156)$$

für die auf Teilchen i wirkende Kraft, wobei

$$U = U(\vec{r}_1, \vec{r}_2, \ldots \vec{r}_N) \, . \qquad (4.157)$$

Beispiel
Die potentielle Energie eines Teilchens sei gegeben durch:

$$U = \frac{a}{r} + b \, , \qquad (4.158)$$

mit

$$r^2 = x^2 + y^2 + z^2 \, . \qquad (4.159)$$

Die zugehörige Kraft ist eine Zentralkraft:

$$\vec{F} = -\mathrm{grad}\left(\frac{a}{r}\right) = a\frac{\vec{r}}{r^3} \, ; \qquad (4.160)$$

dabei wurde z. B. benutzt:

$$\frac{\partial}{\partial x}\left(\frac{1}{r}\right) = \frac{d}{dr}\left(\frac{1}{r}\right) \cdot \frac{\partial r}{\partial x} = \left(\frac{-1}{r^2}\right)\frac{x}{r}. \qquad (4.161)$$

4.4.3 Invarianzen von U; Separation der Schwerpunktsenergie

Translationsinvarianz
Die Eigenschaft

$$U(\vec{r}_i) = U(\vec{r}_i + \vec{a}) \qquad (4.162)$$

für beliebige Vektoren $\vec{a}$ hat zur Folge, daß U nur von den inneren Koordinaten des Systems von N Teilchen abhängen darf, z. B. den Abstandsvektoren

$$\vec{r}_{ij} = \vec{r}_i - \vec{r}_j \, , \qquad (4.163)$$

also

$$U = U(\vec{r}_{ij}) \, . \qquad (4.164)$$

Dann folgt aus $\vec{\nabla}_i U = -\vec{\nabla}_j U$

$$\vec{F}_{ij} = -\vec{F}_{ji} \qquad (4.165)$$

4.4 Energie

wegen $\vec{r}_{ij} = -\vec{r}_{ji}$. Dies ist nun gerade das **Actio=Reactio-Prinzip,** aus dem wir zusammen mit den Bewegungsgleichungen den Impulssatz hergeleitet hatten. Der **Impulssatz** ist also eine direkte Folge der Translationsinvarianz.

Drehinvarianz
Es gelte
$$U(\vec{r}_i) = U(\vec{r}_i{}') \,, \tag{4.166}$$
wobei $\vec{r}_i{}'$ aus $\vec{r}_i$ durch eine beliebige Drehung hervorgeht. Es folgt, daß U sich als Funktion der Abstände
$$r_{ij} = |\vec{r}_i - \vec{r}_j| \tag{4.167}$$
darstellen lassen muß,
$$U = U(r_{ij}) \,. \tag{4.168}$$
Die zwischen 2 Teilchen i, j wirkende Kraft ist dann eine Zentralkraft:
$$\vec{F}_{ij} = k(r_{ij})\vec{r}_{ij} \,, \tag{4.169}$$
da für eine beliebige Funktion $f(r)$ gilt:
$$\frac{\partial}{\partial x} f(r) = \frac{df}{dr} \frac{\partial r}{\partial x} = \frac{df}{dr} \frac{x}{r} = \left(\frac{df}{dr} \frac{1}{r} \right) x = g(r)x \quad \text{ebenso für } y, z \,. \tag{4.170}$$
Für Zentralkräfte gilt der **Drehimpulssatz,** der sich somit als Folge der Drehinvarianz erweist.

Invarianz gegen Zeit-Translationen
Bei der Energieerhaltung hatten wir vorausgesetzt, daß U nicht explizit von der Zeit t abhängt,
$$\frac{\partial U}{\partial t} = 0 \,. \tag{4.171}$$
Diese Gleichung kann auch aufgefaßt werden als Folge der Invarianz von U gegen Zeit-Translationen, $t \to t + \Delta t$ bei beliebigem Δt. Der **Energiesatz** ist also eine Folge der Invarianz unter Zeit-Translationen.

Galilei-Invarianz
Die skalare Funktion $U = U(\vec{r}_{ij})$ ändert sich unter einer Galilei-Transformation nicht. Für die kinetische Energie ergibt sich:
$$T' = \frac{1}{2} \sum_i m_i (\vec{v}_i - \vec{v})^2 = T - \vec{P} \cdot \vec{v} + \frac{1}{2} M v^2 \,. \tag{4.172}$$

Da für ein System mit $U = U(\vec{r}_{ij})$ der Impuls $\vec{P} = \sum_i m_i \cdot \vec{v}_i$ erhalten ist, ändert sich die kinetische Energie nur um eine additive Konstante,

$$T' = T + \text{const.} , \qquad (4.173)$$

d.h. der **Energiesatz** für ein abgeschlossenes System

$$E = T + U = \text{const.} \qquad (4.174)$$

ist **Galilei-invariant** wie Impuls- und Drehimpuls-Satz.

Wählen wir speziell das Koordinatensystem Σ als Schwerpunktsystem, so ist $\vec{P} = 0$, also:

$$T' = T + \frac{1}{2} M v^2 = T_{\text{int}} + T_s . \qquad (4.175)$$

T_{int} bedeutet die interne kinetische Energie, T_s die Schwerpunktsenergie bzgl. des Systems Σ' mit den Geschwindigkeiten $\vec{v}_i{}'$. Da $U = U(\vec{r}_{ij})$ sich beim Übergang $\Sigma \to \Sigma'$ nicht ändert, können wir von der Gesamtenergie eines abgeschlossenen Systems stets die Schwerpunktsenergie abtrennen,

$$E = T_s + E_{\text{int}} , \qquad (4.176)$$

wobei E_{int} die Energie im Schwerpunktsystem ist.

4.4.4 Zwangskräfte; Reibungskräfte

Alle uns bekannten **fundamentalen** Kräfte sind konservativ im Sinne der Gleichung

$$W_{ab} = \int_a^b F_T ds = U(a) - U(b) , \qquad (4.177)$$

d.h. es gilt der Energiesatz. Dies schließt den Fall der **Lorentz-Kraft** (Kraft eines Magnetfeldes $\vec{B}$ auf eine mit der Geschwindigkeit $\vec{v}$ bewegte Ladung q) ein,

$$\vec{F} = \frac{q}{c} (\vec{v} \times \vec{B}) . \qquad (4.178)$$

Da $\vec{F}$ stets senkrecht zur Bewegungsrichtung steht,

4.4 Energie

$$\vec{F} \cdot \vec{v} = \frac{q}{c}(\vec{v} \times \vec{B}) \cdot \vec{v} = 0 , \qquad (4.179)$$

leistet sie keine Arbeit, geht also in die Energiebilanz überhaupt nicht ein.

Kräfte, für die stets $\vec{F} \cdot \vec{v}$ gilt, treten auch in der Mechanik in Erscheinumg, wenn man die Freiheitsgrade des Systems durch Zwangsbedingungen einschränkt: **Zwangskräfte.** Einfachstes Beispiel ist die Bewegung eines Massepunktes auf einer Kreisbahn. Dabei sind die Ortskoordinaten der Zwangsbedingung $r = $ const. unterworfen. Um eine solche Kreisbewegung zu realisieren, benötigt man eine Zwangskraft, die stets senkrecht zu $\vec{v}$ steht, in Form einer radial nach unten gerichteten Fadenkraft. Weitere Beispiele: Fadenpendel, schiefe Ebene.

Schließlich gibt es Kräfte, die in die Energiebilanz eingehen und zu Energieverlust des Systems führen: **Reibungskräfte.** Sie werden zur Beschreibung der Bewegung eines Körpers in einem Gas oder einer Flüssigkeit oder auf einer Unterlage (Gleitreibung) eingeführt. Reibungskräfte sind im einfachsten Fall proportional zu $\vec{v}$:

$$\vec{F}_R = -c\vec{v} \; ; \; c > 0 . \qquad (4.180)$$

Dann erleidet das System wegen

$$\int_{t_a}^{t_b} \vec{F}_R \cdot \vec{v} \, dt = -c \int_{t_a}^{t_b} v^2 \, dt < 0 \qquad (4.181)$$

einen Energieverlust.

Das Auftreten von Reibungskräften steht nicht im Widerspruch zu der obigen Aussage, daß alle fundamentalen Kräfte konservativ sind, denn Reibungskräfte sind keine konservativen Kräfte, sondern resultieren von einer pauschalen Beschreibung der Wechselwirkung, z. B. zwischen den Molekülen einer rollenden Kugel und denen der Unterlage, auf der die Kugel rollt.

Ergänzung: Vektor-Eigenschaft von grad U

1. Addition
   Wenn $U(\vec{r}) = U_1(\vec{r}) + U_2(\vec{r})$, so folgt aus den Regeln der Differentiation:

$$\text{grad } U = \text{grad } U_1 + \text{grad } U_2 , \qquad (4.182)$$

die für Vektoren erklärte Verknüpfung der Vektor-Addition. Ebenfalls gilt für die Multiplikation mit einer reellen Zahl α

$$\alpha \, \mathrm{grad}\, U = \mathrm{grad}(\alpha U) \,. \tag{4.183}$$

2. Transformationsverhalten bei Drehungen
   Die skalare Funktion $U(\vec{r})$ ordnet jedem Raumpunkt $\vec{r}$ eine reelle Zahl zu, die sich bei Drehung des Koordinatensystems nicht ändert. Es gilt also für die skalare Funktion U unter Drehungen:

$$U(x_1, x_2, x_3) = U'(x_1', x_2', x_3') \,, \tag{4.184}$$

wobei die Komponenten von $\vec{r}$ (siehe Abschn. 2.3.2) bei einer Drehung mit der Matrix d_{ij} sich ändern wie:

$$x_i' = \sum_{j=1}^{3} d_{ij} x_j \quad \text{mit} \quad \sum_{i=1}^{3} d_{im} d_{in} = \delta_{mn} \,. \tag{4.185}$$

Es folgt nach der Kettenregel für die Differentiation:

$$\frac{\partial U'(x_1', x_2', x_3')}{\partial x_i'} = \sum_{j=1}^{3} \frac{\partial U(x_1, x_2, x_3)}{\partial x_j} \frac{\partial x_j}{\partial x_i'} = \sum_{j=1}^{3} d_{ij} \frac{\partial U(x_1, x_2, x_3)}{\partial x_j} \,, \tag{4.186}$$

d. h. die Komponenten von grad U transformieren sich bei Drehungen wie die Komponenten von $\vec{r}$. In Gl. (4.186) wurde dabei benutzt:

$$\sum_{i=1}^{3} d_{ik} x_i' = \sum_{i=1}^{3} \sum_{j=1}^{3} d_{ik} d_{ij} x_j = \sum_{j=1}^{3} \delta_{kj} x_j = x_k \tag{4.187}$$

unter Verwendung von (4.185).

Zusammenfassend haben wir in diesem Kapitel allgemeine Kräfte definiert und Newton's Bewegungsgleichungen abgeleitet; deren Lösung liefert die Trajektorie eines Massenpunkts in Raum und Zeit. Es wurden Beispiele für charakteristische Problemstellungen gegeben und die expliziten Lösungen im Detail berechnet. Wir haben festgestellt, dass es anstelle von Geschwindigkeiten oder Winkelgeschwindigkeiten vorteilhafter ist, Impulse und Drehimpulse von Teilchen einzuführen, da für geschlossene Systeme – ohne äußere Kräfte – der Gesamtimpuls eine Erhaltungsgröße ist. Dies gilt auch für den Drehimpuls, wenn kein äußeres Drehmoment auf das System wirkt, und ist eine Konsequenz der Galilei Invarianz. Wir haben den Zusammenhang zwischen der Arbeit, die durch eine Kraft auf ein Teilchen entlang seiner Trajektorie verrichtet wird, und der kinetischen Energie untersucht. Im Falle konservativer Kräfte kann man eine potentielle Energie $U(\vec{r})$ einführen, die es ermöglicht, die Kraft durch ihren negativen Gradienten zu berechnen. Dann wird die Energie des Systems durch die Summe aus kinetischer und potentieller Energie definiert, welche – für geschlossene Systeme – eine Erhaltungsgröße ist. Der Energieerhaltungssatz gilt jedoch nicht für Reibungskräfte, welche als ‚effektive' Kräfte zu verstehen sind, die aus einer allgemeineren Beschreibung der mikroskopischen Wechselwirkungen entstehen, z. B. zwischen den Molekülen eines rollenden Balls und den Molekülen einer Oberfläche.

Anwendungen der Newton-Mechanik 5

Inhaltsverzeichnis

- 5.1 Zentralkräfte 70
  - 5.1.1 Reduktion der Freiheitsgrade 70
  - 5.1.2 Klassifikation der Bahnkurven 73
  - 5.1.3 $1/r^2$–Kräfte 75
- 5.2 Planetenbewegung; Gravitation 79
  - 5.2.1 Kepler-Gesetze 79
  - 5.2.2 Gravitationsgesetz 80
  - 5.2.3 Äquivalenz-Prinzip 81
  - 5.2.4 Beispiele 82
  - 5.2.5 Gravitationsfeld einer statischen Massenanordnung 83
- 5.3 Kleine Schwingungen 86
  - 5.3.1 Der lineare harmonische Oszillator 86
  - 5.3.2 Dämpfung 88
  - 5.3.3 Erzwungene Schwingungen; Resonanz 90
  - 5.3.4 Gekoppelte harmonische Schwingungen 93

In diesem Kapitel werden wir mit Anwendungen der Newton'schen Mechanik für Zentralkräfte fortfahren, bei denen das Potential U nur vom Betrag des relativen Abstands zwischen zwei Massenpunkten abhängt. In diesem Fall gelten die Erhaltung von Impuls, Drehimpuls und Energie, was die Anzahl der unabhängigen Freiheitsgrade erheblich reduziert. Ein wichtiger Fall sind $1/r^2$-Kräfte, die für Coulomb- und Gravitationswechselwirkungen gelten; wir werden die Bahnen entsprechend ihrer Energie klassifizieren und die Kepler'schen Gesetze für die Bewegung von Planeten ableiten. Darüber hinaus wird das Gravitationsgesetz hergeleitet und Gravitationsfelder für statische Massenverteilungen eingeführt. Zusätzlich wird die Dynamik eines linearen Oszillators – ein weiteres wichtiges physikalisches System – diskutiert, und die Lösungen werden aus den Bewegungsgleichungen auch im Fall zusätzlicher Reibungskräfte berechnet. Der Fall eines gedämpften Oszillators, der von einer äußeren periodischen Kraft angetrieben wird, führt zur Ausbildung von Resonanzen, die im Detail analysiert werden. Außerdem wird das Problem gekoppelter harmonischer Schwingungen behandelt, das charakteristisch für die Schwingungsmoden in Kristallen ist.

5.1 Zentralkräfte

Eines der wichtigsten Probleme der Theoretischen Physik ist die Bewegung von 2 Massenpunkten unter dem Einfluß einer Zentralkraft. Es finden sich Anwendungen in der Himmelsmechanik, der Atomphysik und der Kernphysik.

5.1.1 Reduktion der Freiheitsgrade

Wir betrachten ein abgeschlossenes System zweier Teilchen ohne äußere Kräfte,

$$\vec{F}_a = 0 . \tag{5.1}$$

Zwischen den Teilchen wirke eine Zentralkraft

$$\vec{F}_{12} = -\text{grad}\, U = f(r)\frac{\vec{r}}{r} = f(r)\vec{e}_r = -\vec{F}_{21} \tag{5.2}$$

mit

$$\vec{r} = \vec{r}_{12} = \vec{r}_1 - \vec{r}_2 = -\vec{r}_{21}. \tag{5.3}$$

Die Bewegungsgleichungen in den Koordinaten $\vec{r}_1, \vec{r}_2$,

$$m_1 \vec{a}_1 = \vec{F}_{12} \quad m_2 \vec{a}_2 = \vec{F}_{21} \tag{5.4}$$

können auf Schwerpunkts- und Relativkoordinaten

$$\vec{r}_s = \frac{1}{m_1 + m_2}(m_1 \vec{r}_1 + m_2 \vec{r}_2) \quad \vec{r} = \vec{r}_1 - \vec{r}_2 \tag{5.5}$$

umgerechnet werden. Aus

$$m_1 \vec{a}_1 + m_2 \vec{a}_2 = \vec{F}_{12} + \vec{F}_{21} = 0 \tag{5.6}$$

folgt

$$\frac{d^2}{dt^2}\vec{r}_s = \vec{a}_s = 0. \tag{5.7}$$

Die Lösung ist bekannt: es liegt eine geradlinig, gleichförmige Bewegung für den Schwerpunkt vor.

5.1 Zentralkräfte

Für die Relativbewegung erhält man durch Differenzbildung

$$\vec{a}_1 - \vec{a}_2 = \frac{\vec{F}_{12}}{m_1} - \frac{\vec{F}_{21}}{m_2} = \left(\frac{1}{m_1} + \frac{1}{m_2}\right)\vec{F}_{12}, \tag{5.8}$$

oder

$$\mu\ddot{\vec{r}} = \vec{F}_{12} = \vec{F} \tag{5.9}$$

mit der **reduzierten Masse** μ,

$$\frac{1}{\mu} = \frac{1}{m_1} + \frac{1}{m_2} = \frac{m_1 + m_2}{m_1 m_2}. \tag{5.10}$$

Damit ist das Zweikörperproblem reduziert auf das **äquivalente Einkörperproblem** für ein fiktives Teilchen der Masse μ unter dem Einfluß der Kraft $\vec{F}$. Statt der 6 Differentialgleichungen sind nur noch 3 Differentialgleichungen zu lösen.

Mit Hilfe von Energie- und Drehimpulssatz gelingt es, das Problem auf nur 1 Freiheitsgrad (in der Variablen r) zu reduzieren. Aus der Drehimpulserhaltung

$$\vec{l} = \text{const.} \tag{5.11}$$

folgt, daß die Bewegung eben ist. Wir können also ohne Beschränkung der Allgemeinheit die Parameterdarstellung (in der x, y-Ebene)

$$\vec{r} = \begin{pmatrix} r\cos\varphi \\ r\sin\varphi \\ 0 \end{pmatrix} \tag{5.12}$$

wählen. Im Weiteren interessiert nur die Energie der inneren Bewegung,

$$E_{int} = \frac{1}{2}\mu v^2 + U(r), \tag{5.13}$$

die wir auf folgende Form umschreiben können:

$$E_{int} = \frac{1}{2}\mu\dot{r}^2 + \frac{l^2}{2\mu r^2} + U(r). \tag{5.14}$$

Diese Gleichung enthält nur noch 1 Variable (r) und ihre zeitliche Ableitung ($\dot{r}$).

Beweis Für die Geschwindigkeit erhalten wir aus (5.12)

$$\vec{v} = \begin{pmatrix} \dot{r}\cos\varphi \\ \dot{r}\sin\varphi \\ 0 \end{pmatrix} + \begin{pmatrix} -r\dot{\varphi}\sin\varphi \\ r\dot{\varphi}\cos\varphi \\ 0 \end{pmatrix} = \dot{r}\vec{e}_r + r\dot{\varphi}\vec{e}_\varphi. \tag{5.15}$$

Da

$$\vec{e}_r \cdot \vec{e}_\varphi = 0, \tag{5.16}$$

folgt

$$E = \frac{\mu}{2}(\dot{r}\vec{e}_r + r\dot{\varphi}\vec{e}_\phi)^2 + U(r) = \frac{\mu}{2}(\dot{r}^2 + r^2\dot{\varphi}^2) + U(r). \tag{5.17}$$

Die Winkelvariable $\dot{\varphi}$ läßt sich mit Hilfe des Betrages von $\vec{l}$, der ja zeitlich konstant ist, eliminieren:

$$l = \mu|\vec{r} \times \vec{v}| = \mu r^2 \dot{\varphi} \quad \text{q.e.d.} \tag{5.18}$$

Anmerkung Der Gesamtdrehimpuls der beiden Teilchen läßt sich in einen äußeren (Schwerpunkts-) Anteil und einen inneren Anteil zerlegen. Für Zentralkräfte sind bei Abwesenheit äußerer Kräfte beide Anteile separat erhalten. $\vec{l}$ bezeichnet den inneren Anteil, d. h. den Relativ-Drehimpuls der beiden Teilchen. Die Gl. (5.13) kann interpretiert werden als Energie für eine 1-dimensionale Bewegung in der Variablen r mit einer **effektiven** potentiellen Energie

$$U_{\text{eff}}^l = \frac{l^2}{2\mu r^2} + U(r), \tag{5.19}$$

also

$$E = \frac{1}{2}\mu\dot{r}^2 + U_{\text{eff}}^l(r). \tag{5.20}$$

Der aus der kinetischen Energie stammende Term $l^2/(2\mu r^2) = U_c$ wird dabei als **Zentrifugalpotential** U_c der potentiellen Energie zugeschlagen.

Zur Erläuterung der Bezeichnung **Zentrifugalpotential** bilden wir die zugehörige Kraft,

$$\vec{F}_c = -\text{grad}U_c = \frac{l^2}{\mu r^3}\vec{e}_r = \mu r\omega^2\vec{e}_r, \tag{5.21}$$

die aus dem Produkt von μ und der Zentrifugalbeschleunigung besteht.

Abb. 5.1 Beispiel für ein Potential U_{eff} das überall positiv ist und mit r abnimmt

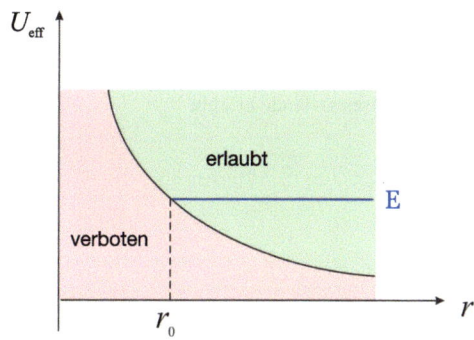

5.1.2 Klassifikation der Bahnkurven

$dU/dr < 0$ für alle r

Da U_c ebenfalls überall abstoßend ist, hat $U^l_{\text{eff}}(r)$ (mit der Normierung $U^l_{\text{eff}}(\infty) = 0$) den qualitativen Verlauf (Abb. 5.1):

Zu fester Energie E sind nur Bahnen mit $r \geq r_0$ möglich, da für $r < r_0$ die kinetische Energie T_r negativ, d. h. die Geschwindigkeit $\dot{r}$ imaginär wäre. Die erlaubten Bahnen heißen **ungebundene Zustände oder Streuzustände.**

$d^2U/dr^2 > 0$ für alle r

1. $\lim\limits_{r \to \infty} U_{\text{eff}}(r) \to \infty$ (Abb. 5.2)

   Da stets $T_r > 0$ sein muß, erhält man nur **gebundene Zustände:** $r_1 \leq r \leq r_2$.

2. Normierung: $U_{\text{eff}}(\infty) = 0$ (Abb. 5.3)

   Für $E > 0$ erhält man ungebundene Zustände, gebundene für $E < 0$.

Abb. 5.2 Beispiel für ein Potential das nur gebundene Zustände erlaubt

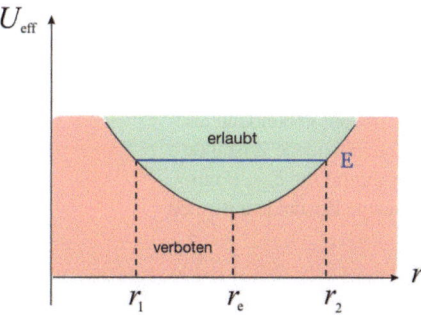

Abb. 5.3 Beispiel für ein Potential das sowohl gebundene Zustände ($E < 0$) als auch Streuzustände erlaubt ($E > 0$)

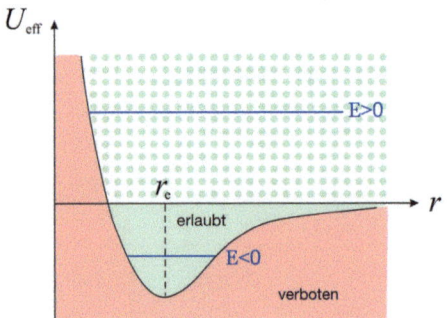

3. Normierung: $U_{\text{eff}}(\infty) = 0$ (Abb. 5.4)

Für $E > U_m$ gibt es nur ungebundene Zustände mit beliebigem $r \geq 0$. Wenn $0 \leq E < U_m$, können sowohl gebundene als auch ungebundene Zustände existieren. Für $E < 0$ gibt es nur gebundene Zustände.

Gleichgewicht: In den Fällen 1.) und 2.) wirkt für $r = r_e$ keine Kraft, da

$$\left(\frac{dU_{\text{eff}}}{dr}\right)_{r=r_e} = 0. \tag{5.22}$$

Das Gleiche gilt für Fall 3.) im Punkt $r = r_m$. In diesen Punkten befindet sich das System im Gleichgewicht.
In Fall 1.) und 2.) ist dieses Gleichgewicht **stabil.**
Im Fall 3.) ist das Gleichgewicht **instabil:** Bei einer kleinen Auslenkung aus der Gleichgewichtslage wirkt eine Kraft, die das Teilchen noch weiter vom Gleichgewicht wegzutreiben sucht.

Abb. 5.4 Beispiel für ein Potential mit ungebundenen Zuständen für beliebiges $r \geq 0$ and $E > U_m$. Für $0 \leq E < U_m$ treten sowohl gebundene als auch ungebundene Zustände auf, während für $E < 0$ nur gebundene Zustände auftreten

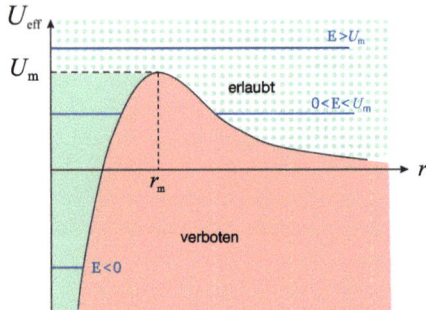

5.1.3 $1/r^2$-Kräfte

Für den praktisch wichtigen Fall

$$U = \pm \frac{c}{r}; \quad c > 0 \tag{5.23}$$

wollen wir die Bahnkurven explizit bestimmen.

Die innere Energie ist dann

$$E = \frac{1}{2}\mu \dot{r}^2 + \frac{l^2}{2\mu r^2} \pm \frac{c}{r} = \text{const.} \tag{5.24}$$

und der Energiesatz liefert:

$$\frac{dE}{dt} = 0 = \dot{r}\left(\mu \ddot{r} - \frac{l^2}{\mu r^3} \mp \frac{c}{r^2}\right). \tag{5.25}$$

Da im allg. $\dot{r} \neq 0$, folgt als Bewegungsgleichung:

$$\mu \ddot{r} - \frac{l^2}{\mu r^3} \mp \frac{c}{r^2} = 0. \tag{5.26}$$

Für $l = 0$ erfolgt die Bewegung längs einer Geraden ($\dot{\varphi} = 0$):

$$\vec{l} = 0 \longrightarrow \vec{r} \parallel \vec{v}. \tag{5.27}$$

Um die möglichen Bahnkurven $r = r(\varphi)$ für $l \neq 0$ zu finden, führen wir die neue Variable

$$w = \frac{1}{r} \text{ mit } \frac{dw}{d\varphi} = \frac{dw}{dr}\frac{dr}{d\varphi} = -\frac{1}{r^2}\frac{dr}{d\varphi} \tag{5.28}$$

ein und bilden ($\dot{\varphi} = l/(\mu r^2)$)

$$\dot{r} = \frac{dr}{d\varphi}\frac{d\varphi}{dt} = \dot{\varphi}\frac{dr}{d\varphi} = \frac{l}{\mu r^2}\frac{dr}{d\varphi} = -\frac{l}{\mu}\frac{dw}{d\varphi} \tag{5.29}$$

sowie

$$\ddot{r} = -\frac{l}{\mu}\frac{d}{dt}\frac{dw}{d\varphi} = -\frac{l}{\mu}\frac{d^2 w}{d\varphi^2}\dot{\varphi} = -\frac{l^2}{\mu^2 r^2}\frac{d^2 w}{d\varphi^2}. \tag{5.30}$$

Dann geht die Bewegungsgleichung (5.26) über in:

$$-\frac{l^2}{\mu r^2}\left(\frac{d^2 w}{d\varphi^2} + w \pm \frac{\mu c}{l^2}\right) = 0 \qquad (5.31)$$

bzw.

$$\frac{d^2 w}{d\varphi^2} + w = \mp\frac{\mu c}{l^2}. \qquad (5.32)$$

Die Lösung der inhomogenen Differentialgleichung 2. Ordnung (5.32) setzt sich zusammen aus der allgemeinen Lösung der homogenen Differentialgleichung $\tilde{w}$,

$$\frac{d^2 \tilde{w}}{d\varphi^2} + \tilde{w} = 0, \qquad (5.33)$$

gegeben durch

$$\tilde{w} = A\cos\varphi + B\sin\varphi = a\cos(\varphi - \varphi_0), \qquad (5.34)$$

und einer beliebigen Lösung der inhomogenen Gleichung. Eine solche Lösung ist (für $d^2 w/d\varphi^2 = 0$)

$$w = \mp\frac{\mu c}{l^2}. \qquad (5.35)$$

Die allgemeine Lösung von (5.32) lautet also:

$$w = a\cos(\varphi - \varphi_0) \mp \frac{\mu c}{l^2}, \qquad (5.36)$$

oder mit (5.28)

$$r\left(\mp 1 + \varepsilon\cos(\varphi - \varphi_0)\right) = p \qquad , \qquad (5.37)$$

wobei wir die Abkürzungen

$$\varepsilon = \frac{al^2}{\mu c}, \qquad p = \frac{l^2}{\mu c} \qquad (5.38)$$

eingeführt haben. Die Integrationskonstante a bzw. ε ist durch die Energie bestimmt. Wir erhalten nach elementarer Algebra unter Ausnutzung von (5.37) und

$$\dot{r} = \dot{\varphi}\frac{dr}{d\varphi} = \frac{l}{\mu r^2}\frac{p\,\varepsilon\sin(\varphi - \varphi_0)}{(\mp 1 + \varepsilon\cos(\varphi - \varphi_0))^2} \qquad (5.39)$$

5.1 Zentralkräfte

(nach etwas länglicher Rechnung) für die Energie

$$E = \frac{\mu}{2}\dot{r}^2 + \frac{l^2}{2\mu r^2} \pm \frac{c}{r} = \frac{\mu c^2}{2l^2}(\varepsilon^2 - 1). \tag{5.40}$$

Die Gl. (5.37) ist die allgemeine Form eines **Kegelschnittes.** Durch geeignete Wahl des Koordinatensystems, auf das sich r, φ beziehen, können wir (5.37) auf die Normalform

$$r(\mp 1 + \varepsilon \cos \varphi) = p \quad \varepsilon \geq 0 \tag{5.41}$$

bringen. Wir unterscheiden:

1. $U = -c/r$: **Anziehung**, d. h. $r(\varphi) = p/(1+\varepsilon \cos \varphi)$. Dann sind folgende Fälle möglich:
   (a) $\varepsilon = 0$: Kreis; es liegt ein gebundener Zustand mit $E < 0$ vor.
   (b) $0 < \varepsilon < 1$: Ellipse; hier liegt ebenfalls ein gebundener Zustand mit $E < 0$ vor (Abb. 5.5).
   (c) $\varepsilon = 1$: Parabel; in diesem Fall wird $E = 0$, es liegt ein ungebundener Zustand vor.
   (d) $\varepsilon > 1$: Ast einer Hyperbel, der den Ursprung $r = 0$ umschließt; ungebundener Zustand mit $E > 0$ (Abb. 5.6).

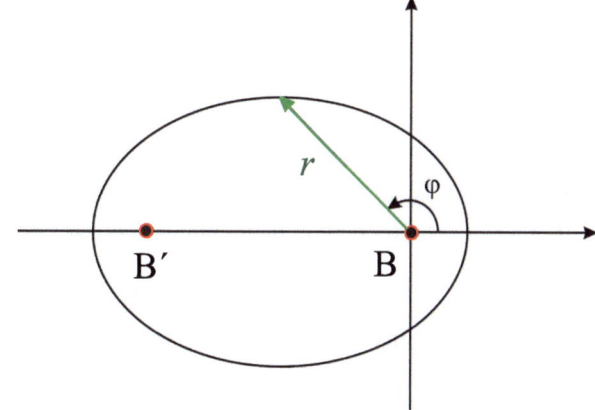

Abb. 5.5 Fall einer Ellipse, d. h. einem gebundenen Zustand mit $E < 0$. Der Schwerpunkt liegt im Brennpunkt B

Abb. 5.6 Zweig einer Hyperbel, die den Ursprung $r = 0$ umfasst und einem ungebundenen Zustand mit $E > 0$ entspricht. Der Schwerpunkt liegt im Brennpunkt B'

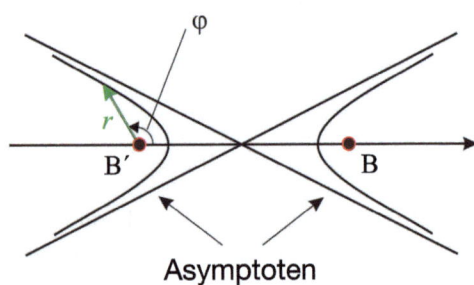

Abb. 5.7 Komplementärer Zweig einer Hyperbel, der nicht den Ursprung $r = 0$ umfasst und einem ungebundenen Zustand mit $E > 0$ entspricht. Der Schwerpunkt liegt im Brennpunkt B

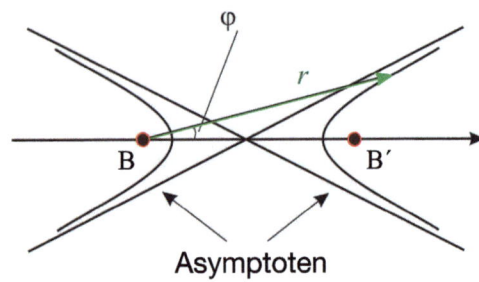

2. $U = c/r$: **Abstoßung,** d. h. $r(\varphi) = p/(-1 + \varepsilon \cos \varphi)$.
   Dann muß $\varepsilon > 1$ sein, da andernfalls r negativ würde. Man erhält den zu Fall 1.d) komplementären Hyperbel-Ast (Abb. 5.7).

Beispiele

- Atomarer Bereich:
  Ein Beispiel für Fall 2.) ist die Elektron-Elektron- oder Proton-Proton-Streuung. Für das Elektron-Proton-System sind die Bahnen von Fall 1.) möglich, d. h. es können gebundene Zustände sowie Streuzustände (je nach Energie E) existieren.
- Planetenbewegung (siehe Abschn. 5.2)

5.2 Planetenbewegung; Gravitation

5.2.1 Kepler-Gesetze

Die Kepler-Gesetze beschreiben die Kinematik der Planetenbewegung:

> 1. Die Planetenbahnen sind Ellipsen, in deren einem Brennpunkt die Sonne steht.
> 2. Der Radiusvektor von der Sonne zum Planeten überstreicht in gleichen Zeiten gleiche Flächen.
> 3. Die Quadrate der Umlaufzeiten verschiedener Planeten verhaltenb sich wie die Kuben der großen Halbachse ihrer Ellipsenbahnen.

Das 2. Gesetz ist der **Flächensatz** und zeigt, zusammen mit der im 1. Gesetz enthaltenen Aussage, daß die Bahnen eben sind, daß der Drehimpuls erhalten ist. Die für die Planetenbewegung verantwortliche Kraft ist also eine Zentralkraft. Da die Bahnen Ellipsen sind, mit dem Kraftzentrum in einem der Brennpunkte, schließen wir aus Abschn. 4.4.3, daß die Zentralkraft von der Form

$$\vec{F} = -\frac{c}{r^2}\frac{\vec{r}}{r} = -\frac{c}{r^2}\vec{e}_r \tag{5.42}$$

ist, d. h. für die potentielle Energie gilt:

$$U(r) = -\frac{c}{r}, \quad c > 0. \tag{5.43}$$

Diese Gleichungen sind folglich die dynamischen Grundlagen für die Kepler-Gesetze 1.) und 2.).

Um das 3.Gesetz zu erklären, greifen wir auf den Flächensatz

$$\frac{dF}{dt} = \frac{l}{2\mu} \tag{5.44}$$

zurück, wobei wir die Masse m durch die reduzierte Masse μ ersetzt haben. Integration in der Zeit ergibt für die Fläche F:

$$F = \frac{l}{2\mu}T, \tag{5.45}$$

dabei ist T die Umlaufzeit und F die Fläche der Ellipse:

$$F = \pi ab \qquad \rightarrow T = \frac{2\pi\mu}{l}ab, \tag{5.46}$$

wenn a die große, b die kleine Halbachse der Ellipse ist. Ersetzt man

1. $r' + r = 2a$ (Definition der Ellipse)
2. $a^2 = b^2 + c^2 = b^2 + \varepsilon^2 a^2$ mit $\varepsilon = c/a$ (Pythagoras)
3. $(2a - r)^2 = r'^2 = r^2 + 4c^2 + 4cr \cos\varphi$ (Cosinus-Satz nach 1.)
4. $r(1 + \varepsilon \cos\varphi) = (a^2 - c^2)/a = b^2/a = p$

und

$$l^2 = \mu c p = \mu c \frac{b^2}{a}, \tag{5.47}$$

so folgt:

$$T^2 = \frac{4\pi^2 a^2 b^2 \mu^2}{l^2} = \frac{4\pi^2 \mu}{c} a^3. \tag{5.48}$$

Nach Kepler sollte der Faktor $4\pi^2 \mu/c$ für alle Planeten gleich sein. Um dies zu überprüfen, betrachten wir das allgemeine

5.2.2 Gravitationsgesetz

nach dem sich 2 beliebige (elektrisch neutrale) Massenpunkte im Abstand r durch eine Zentralkraft

$$\vec{F} = -\frac{\gamma_1 \gamma_2}{r^2} \frac{\vec{r}}{r} \tag{5.49}$$

anziehen. Dabei sind γ_1 und γ_2 für die Massenpunkte charakteristische Konstanten. Sie sind den (in die Bewegungsgleichung eingehenden) Massen m_1 und m_2 proportional. Diese Aussage ist keineswegs trivial, sondern folgt aus dem Experiment, z.B. dem ‚freien Fall‘: Für einen frei fallenden Körper gilt (nahe der Erdoberfläche)

$$ma = -\frac{\gamma \gamma_E}{R_E^2}, \tag{5.50}$$

wobei m die **träge Masse** des Körpers ist, γ und γ_E die Konstanten für den Körper bzw. die Erde; R_E ist der Erdradius. Vergleicht man nun den freien Fall zweier Körper 1 und 2, so folgt:

5.2 Planetenbewegung; Gravitation

$$\frac{m_1 a_1}{m_2 a_2} = \frac{\gamma_1}{\gamma_2}. \tag{5.51}$$

Da man experimentell stets $a_1 = a_2$ findet, erhält man

$$\frac{m_1}{m_2} = \frac{\gamma_1}{\gamma_2}. \tag{5.52}$$

Die Masse m und der Faktor γ unterscheiden sich also nur um einen universellen konstanten Faktor, so daß die Kraft auch geschrieben werden kann als:

$$\vec{F} = -\Gamma \frac{m_1 m_2}{r^2} \frac{\vec{r}}{r} \tag{5.53}$$

für zwei Körper mit den Massen m_1 und m_2 im Abstand r.

Die Konstante γ wird (bis auf einen Dimensionsfaktor) als **schwere Masse** eines Körpers bezeichnet. Gl. (5.52) bedeutet dann die **Äquivalenz von schwerer und träger Masse**.

Damit lautet das 3. Kepler'sche Gesetz (5.48) mit $c = \Gamma m_1 m_2$:

$$T^2 = \frac{4\pi^2 m_1 m_2}{c(m_1 + m_2)} a^3 = \frac{4\pi^2}{\Gamma(m_1 + m_2)} a^3. \tag{5.54}$$

Das Verhältnis T^2/a^3 ist also für alle Planeten (praktisch) konstant, da $m_{Planet} \ll m_{Sonne}$.

5.2.3 Äquivalenz-Prinzip

Auf Grund der **Äquivalenz von träger und schwerer Masse** (5.52) wirkt auf einen Körper der Masse m im Schwerefeld der Erde die Kraft

$$\vec{F} = m\vec{g}, \tag{5.55}$$

wobei die **Schwerefeldstärke** $\vec{g}$ unabhängig von den Eigenschaften des betrachteten Körpers ist. Daher erfahren alle Körper an einem bestimmten Ort die gleiche Beschleunigung

$$\vec{a} = \vec{g}. \tag{5.56}$$

Dieses Resultat hat eine wichtige **Konsequenz:**

Stellt ein Beobachter fest, daß verschiedene (elektrisch neutrale) Körper am gleichen Ort die gleiche Beschleunigung $\vec{g}$ erfahren, so kann er dies auf zweierlei Art interpretieren:

1. Das System ist ein Inertialsystem Σ und befindet sich in einem Gravitationsfeld, welches jedem Körper die gleiche Beschleunigung $\vec{g}$ erteilt.
2. Die beobachteten Körper sind frei bzgl. irgendeines Inertialsystems Σ_k, aber das Beobachtersystem ist ein beschleunigtes Bezugssystem Σ'. Ist seine Beschleunigung $\vec{a}_0$, so hängt eine relativ zu Σ' gemessene Beschleunigung $\vec{a}'_k$ mit der Beschleunigung $\vec{a}_k$ bzgl. Σ_k zusammen durch:

$$\vec{a}_k{'} = \vec{a}_k - \vec{a}_0. \tag{5.57}$$

Sind die betrachteten Körper also frei, $a_k = 0$, so erfahren sie relativ zum Beobachter in Σ' eine Beschleunigung $\vec{a}_k{'} = -\vec{a}_0$. Der experimentelle Befund läßt sich also auch mit $\vec{a}_0 = -\vec{g}$ erklären.

Fazit: Ein Beobachter kann nicht feststellen, ob sich sein Labor in einem homogenen Schwerefeld befindet oder in einem beschleunigten Bezugssystem. Dieses **Äquivalenzprinzip** ist die **Grundlage der Allgemeinen Relativitätstheorie.**

5.2.4 Beispiele

Schwerelosigkeit in einem Erdsatelliten
Minimalgeschwindigkeit zum Verlassen des Erdfeldes

Nach Abschn. 5.1.3 ist die **Fluchtbedingung** (Grenzfall der Parabel!) gegeben durch

$$E = \frac{1}{2}\mu v^2 - \Gamma \frac{mM}{R_E} = 0. \tag{5.58}$$

Dabei ist R_E der Erdradius, M die Erdmasse und m die Masse des betrachteten Körpers; μ ist die zugehörige reduzierte Masse, welche durch m ersetzt werden darf, solange $m \ll M$; v ist die Relativgeschwindigkeit des Körpers zur Erde. Aus obiger Gleichung folgt für die **Fluchtgeschwindigkeit**

$$v_F = \sqrt{\frac{2\Gamma M}{R_E}} \approx 10^4 \frac{\text{m}}{\text{s}} \tag{5.59}$$

unabhängig von der Masse des Körpers, solange $m \ll M$.

5.2.5 Gravitationsfeld einer statischen Massenanordnung

Eine Masse m' am Ort $\vec{r} = 0$ übt auf eine andere am Ort $\vec{r} \neq 0$ befindliche Masse m die Kraft

$$\vec{F} = m\vec{g} \tag{5.60}$$

aus mit

$$\vec{g}(\vec{r}) = -\frac{\Gamma m'}{r^2}\frac{\vec{r}}{r}. \tag{5.61}$$

Interpretation Die Masse m' erzeugt am Ort $\vec{r}$ ein **Gravitationsfeld**, dessen Stärke (**Schwerefeldstärke**) durch $\vec{g}(\vec{r})$ gegeben ist. Die Feldstärke $\vec{g}$ ist eine Vektor-Funktion, die jedem Raumpunkt $\vec{r}$ ein Tripel reeller Zahlen $g_x(\vec{r})$, $g_y(\vec{r})$, $g_z(\vec{r})$ zuordnet, die sich bei Drehungen wie die Komponenten eines Vektors verhalten. Dabei zeigt $\vec{g}(\vec{r})$ stets in Richtung auf den Koordinatenursprung.

Die der Kraft (5.60) entsprechende potentielle Energie ist

$$U(\vec{r}) = m\phi(\vec{r}) \tag{5.62}$$

mit

$$\phi(\vec{r}) = -\frac{\Gamma m'}{r}. \tag{5.63}$$

Die Größe $\phi(\vec{r})$ heißt das zu $\vec{g}$ gehörige **Potential**. Kennt man $\phi(\vec{r})$, so kann man $\vec{g}(\vec{r})$ berechnen über:

$$\vec{g} = -\text{grad}\,\phi. \tag{5.64}$$

Die Funktion $\phi(\vec{r})$ beschreibt ein **skalares Feld**. Sie ordnet jedem Raumpunkt genau eine reelle Zahl zu.

Das Gravitationsfeld eines ruhenden Massenpunktes können wir uns durch seine **Feldlinien** veranschaulichen: Die Tangente an eine Feldlinie gibt in jedem Punkt $\vec{r}$ die Kraftrichtung an, und die Dichte der Feldlinien ist ein Maß für den Betrag der Kraft. Im Fall eines einzelnen Massepunktes ist das zugehörige Feld stets radial zum Massenpunkt hin gerichtet. Die Flächen konstanten Potentials sind dann Kugeloberflächen, deren gemeinsames Zentrum im Koordinatenursprung liegt (siehe Abb. 5.8).

Abb. 5.8 Felflinien des Gravitationsfeldes und Äquipotentialflächen im Fall eines einzelnen Massenpunktes im Zentrum

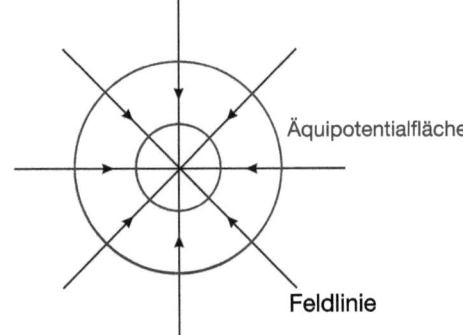

> **Generelle Aussage**
> Verschiebt man eine beliebige Probemasse innerhalb einer **Äquipotentialfläche**, so ändert sich das Potential ϕ nicht, also:
>
> $$d\phi = \frac{\partial \phi}{\partial x}dx + \frac{\partial \phi}{\partial y}dy + \frac{\partial \phi}{\partial z}dz = (\text{grad}\phi) \cdot d\vec{r} = -\vec{g} \cdot d\vec{r} = 0. \quad (5.65)$$

Da $d\vec{r} \neq 0$, folgt, daß $\vec{g}$ senkrecht zu den **Äquipotentialflächen** steht. Dies gilt für jedes Feld, dessen Feldstärke sich als Gradient eines skalaren Feldes schreiben läßt.

Die praktische Bedeutung liegt in seiner Anwendung auf (diskrete oder kontinuierliche) Massenverteilungen. Nach dem Superpositionsprinzip (Abschn. 1.2) gilt für die Schwerefeldstärke, erzeugt von N Massenpunkten m_i an den Orten $\vec{r}_i$:

$$\vec{g}(\vec{r}) = -\Gamma \sum_{i=1}^{N} m_i \frac{(\vec{r} - \vec{r}_i)}{|\vec{r} - \vec{r}_i|^3}, \quad (5.66)$$

oder für das Potential:

$$\phi(\vec{r}) = -\Gamma \sum_{i=1}^{N} \frac{m_i}{|\vec{r} - \vec{r}_i|}. \quad (5.67)$$

5.2 Planetenbewegung; Gravitation

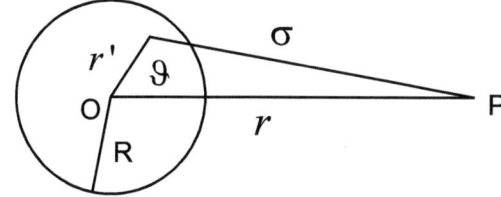

Abb. 5.9 Illustration der Polarkoordinaten für das Volumenintegral im Falle einer homogenen Kugel

Für eine kontinuierliche Massenverteilung sind obige Summen durch Integrale zu ersetzen:

$$\vec{g}(\vec{r}) = -\Gamma \int \varrho(\vec{r}\,')\frac{(\vec{r}-\vec{r}\,')}{|\vec{r}-\vec{r}\,'|^3}\, d^3r' \tag{5.68}$$

und

$$\phi(\vec{r}) = -\Gamma \int \frac{\varrho(\vec{r}\,')}{|\vec{r}-\vec{r}\,'|}\, d^3r', \tag{5.69}$$

wobei $\varrho(\vec{r}\,')$ die Massendichte bezeichnet.

Beispiel: Homogene Kugel

$$\varrho(\vec{r}\,') = \begin{cases} \varrho_0 & r' \leq R \\ 0 & \text{sonst} \end{cases} \tag{5.70}$$

Wir führen die Volumenintegration in Polarkoordinaten durch (Abb. 5.9). Man verwendet:

$$\sigma^2 = (\vec{r}-\vec{r}\,')^2 = r'^2 + r^2 - 2rr'\cos\vartheta \quad;\quad \frac{d\sigma^2}{d\vartheta} = 2\sigma\frac{d\sigma}{d\vartheta} = 2rr'\sin\vartheta;$$

$$2\sigma = 2rr'\sin\vartheta\frac{d\vartheta}{d\sigma}. \tag{5.71}$$

Es ergibt sich

$$\phi(\vec{r}) = -\Gamma\varrho_0 \int_0^R \int_0^\pi \int_0^{2\pi} \frac{dr' r'd\vartheta\, r'\sin\vartheta\, d\varphi}{\sigma} \tag{5.72}$$

$$= -\Gamma\varrho_0 \int_0^R \int_0^\pi \int_0^{2\pi} dr'd\vartheta d\varphi\, \frac{r'^2\sin\vartheta}{rr'\sin\vartheta}\frac{d\sigma}{d\vartheta} = -\frac{2\pi\Gamma\varrho_0}{r}\int_0^R \int_{\sigma_{\min}}^{\sigma_{\max}} r'dr'd\sigma.$$

Fall 1: $r > R$ ($\sigma_{\max} = r+r'$, $\sigma_{\min} = r-r'$)

$$\phi(\vec{r}) = -\frac{2\pi\Gamma\varrho_0}{r}\left(\int_0^R r'(r+r'-(r-r'))\, dr'\right) = -\frac{\Gamma}{r}\cdot\frac{4\pi}{3}\varrho_0 R^3 = -\frac{\Gamma M}{r}. \tag{5.73}$$

Hier geht nur die Gesamtmasse M und der Abstand r ein.

Fall 2: $r < R$ Für die Integration unterscheiden wir: i) $r > r'$, d.h. $\sigma_{max} = r + r'$, $\sigma_{min} = r - r'$ und ii) $r' > r$, d.h. $\sigma_{max} = r + r'$, $\sigma_{min} = r' - r$. Die elementare Integration ergibt:

$$\phi(\vec{r}) = -\frac{2\pi \Gamma \varrho_0}{r} \left(\int_0^r r'(r + r' - (r - r')) \, dr' + \int_r^R r'(r + r' - (r' - r)) \, dr' \right)$$

$$= -\frac{2\pi \Gamma \varrho_0}{r} \left(\int_0^r 2r'^2 dr' + \int_r^R r'2r \, dr' \right) = -4\pi \Gamma \varrho_0 \left[\frac{R^2}{2} - \frac{r^2}{6} \right]. \qquad (5.74)$$

Das Gravitationsfeld $\vec{g}(\vec{r})$ folgt dann als negativer Gradient von $\phi(\vec{r})$, d.h. $\vec{g}(\vec{r}) = -\vec{\nabla}\phi(\vec{r})$.

5.3 Kleine Schwingungen

5.3.1 Der lineare harmonische Oszillator

Die Bewegungsgleichung für einen **linearen harmonischen Oszillator** lautet:

$$m\ddot{x} = -kx \quad k > 0, \qquad (5.75)$$

oder mit

$$\omega_0^2 = \frac{k}{m}, \qquad (5.76)$$

$$\ddot{x} + \omega_0^2 x = 0. \qquad (5.77)$$

Die allgemeine (reelle) Lösung der Differenzialgleichung (5.77) lautet dann:

$$x = A_1 \cos \omega_0 t + A_2 \sin \omega_0 t \qquad (5.78)$$

oder

$$x = C \sin(\omega_0 t + \delta). \qquad (5.79)$$

Sie enthält 2 Integrationskonstanten A_1 und A_2 bzw. C und δ. In (5.79) gibt δ die Phase der Schwingung zur Zeit $t = 0$ an; die Amplitude C ist weiterhin mit der Energie verknüpft, was man wie folgt sieht: Die potentielle Energie des Oszillators ist:

$$U(x) = \frac{1}{2}kx^2. \qquad (5.80)$$

5.3 Kleine Schwingungen

Der Energiesatz lautet also:

$$E = \frac{1}{2}m\dot{x}^2 + \frac{1}{2}kx^2 = \text{const.} \quad (5.81)$$

oder

$$E = \frac{C^2}{2}\left\{m\omega_0^2 \cos^2(\omega_0 t + \delta) + k\sin^2(\omega_0 t + \delta)\right\} = \frac{kC^2}{2}. \quad (5.82)$$

In den Umkehrpunkten $x = \pm C$ ist die kinetische Energie $T = 0$, die potentielle Energie U maximal. Umgekehrt ist in der Gleichgewichtslage ($x = 0$) die potentielle Energie $U = 0$ und die kinetische Energie maximal (siehe Abb. 5.10).

Beispiel Fadenpendel (Abb. 5.11)
Die Änderung des Drehimpulses ist gegeben durch

$$\frac{d}{dt}l_z = \frac{d}{dt}(ml^2\dot{\varphi}) = (\vec{r} \times \vec{F})_z = -mgl\sin\varphi \quad (5.83)$$

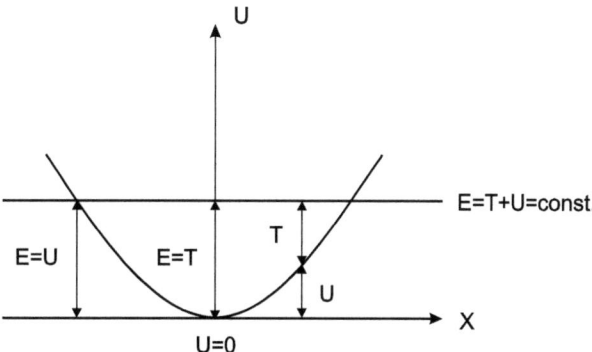

Abb. 5.10 Energie Bilanz beim harmonischen Oszillator

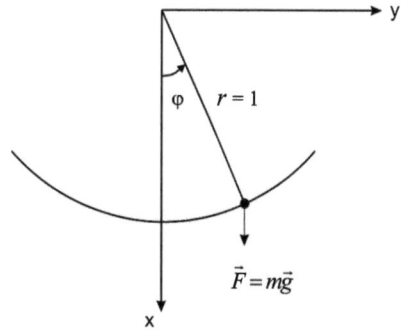

Abb. 5.11 Koordinaten im Falle des Fadenpendels

oder
$$\ddot{\varphi} + \frac{g}{l}\sin\varphi = 0. \tag{5.84}$$

Für kleine Ausschläge, $\sin\varphi \approx \varphi$, folgt

$$\ddot{\varphi} + \omega_0^2\varphi = 0 \text{ mit } \omega_0^2 = \frac{g}{l}. \tag{5.85}$$

Für größere Pendelausschläge erhält man eine **anharmonische Schwingung.**

5.3.2 Dämpfung

Wir erweitern die Bewegungsgleichung (5.77) zu:

$$\ddot{x} + \omega_0^2 x + 2\beta\dot{x} = 0, \quad \beta > 0, \tag{5.86}$$

wobei der geschwindigkeitsabhängige Term $(2\beta\dot{x})$ eine Dämpfung beschreibt. Mit dem Lösungsansatz $x(t) = e^{\lambda t}$ erhalten wir durch Einsetzen in (5.86):

$$\lambda^2 + \omega_0^2 + 2\beta\lambda = 0 \tag{5.87}$$

mit den beiden Lösungen

$$\lambda_{1,2} = -\beta \pm \sqrt{\beta^2 - \omega_0^2}. \tag{5.88}$$

Die allgemeine Lösung von (5.86) ist dann eine Linearkombination der **Basislösungen** $e^{\lambda_1 t}$ und $e^{\lambda_2 t}$. Für die weitere Diskussion sind folgende Fälle zu unterscheiden:

i) $\beta < \omega_0$ (schwache Dämpfung)
Mit

$$\sqrt{\beta^2 - \omega_0^2} = i\omega \tag{5.89}$$

können wir die allg. Lösung schreiben als

$$x(t) = \left(A_1 e^{i\omega t} + A_2 e^{-i\omega t}\right) e^{-\beta t} \tag{5.90}$$

mit den Integrationskonstanten A_1 und A_2, oder in reeller Form:

$$x(t) = ce^{-\beta t}\sin(\omega t + \delta). \tag{5.91}$$

Diese Gleichung beschreibt eine gedämpfte Schwingung (siehe Abb. 5.12).

Abb. 5.12 Zeitabhängigkeit der Amplitude $x(t)$ im Falle eines schwach gedämpften Oszillators

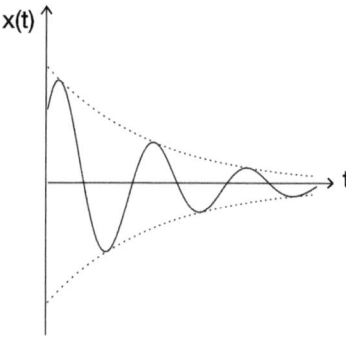

ii) $\beta = \omega_0$ (kritische Dämpfung)

Dann wird $\lambda_1 = \lambda_2$ und der Ansatz $x = e^{\lambda t}$ liefert nur eine der beiden Basislösungen. Als zweite Basislösung erweist sich

$$x(t) = te^{-\beta t}. \tag{5.92}$$

Die allgemeine Lösung im **aperiodischen Grenzfall** hat dann die Form:

$$x = A_1 e^{-\beta t} + A_2 t e^{-\beta t}. \tag{5.93}$$

iii) $\beta > \omega_0$ (starke Dämpfung)

Wir setzen

$$\sqrt{\beta^2 - \omega_0^2} = \gamma > 0 \tag{5.94}$$

und bekommen als allgemeine Lösung:

$$x = (A_1 e^{-\gamma t} + A_2 e^{\gamma t}) e^{-\beta t}. \tag{5.95}$$

Wir erhalten dann eine aperiodische Bewegung; da $\beta > \gamma$ strebt $x(t) \to 0$ für $t \to \infty$.

Energiebilanz Multiplikation von (5.86) mit $m\dot{x}$ liefert:

$$\frac{d}{dt}\left(\frac{m}{2}\dot{x}^2 + \frac{k}{2}x^2\right) = -2m\beta\dot{x}^2 < 0. \tag{5.96}$$

Der Oszillator verliert also auf Grund der Reibung ($\sim \beta$) dauernd Energie.

5.3.3 Erzwungene Schwingungen; Resonanz

Wir betrachten einen gedämpften harmonischen Oszillator unter Einfluß einer äußeren Kraft $f(t)$:

$$\ddot{x} + \omega_0^2 x + 2\beta \dot{x} = \frac{1}{m} f(t). \tag{5.97}$$

Die allgemeine Lösung setzt sich zusammen aus der allgemeinen Lösung der homogenen Gleichung und einer speziellen Lösung der inhomogenen Gleichung; letztere wollen wir für den wichtigen Spezialfall einer periodischen Kraft bestimmen,

$$\frac{1}{m} f(t) = f_0 \cos \omega t. \tag{5.98}$$

Wählt man den Ansatz:

$$x = \xi \cos(\omega t - \varphi) \tag{5.99}$$

so folgt aus (5.97):

$$\xi \left((\omega_0^2 - \omega^2) \cos(\omega t - \varphi) - 2\beta\omega \sin(\omega t - \varphi)\right) = f_0 \cos \omega t. \tag{5.100}$$

Man findet nach Quadrieren von (5.100) unter Verwendung der Additionstheoreme

$$\cos(\alpha - \beta) = \cos \alpha \, \cos \beta + \sin \alpha \, \sin \beta$$

$$\sin(\alpha - \beta) = \sin \alpha \, \cos \beta - \cos \alpha \, \sin \beta \tag{5.101}$$

für den Phasenwinkel φ:

$$\tan \varphi = \frac{2\beta\omega}{\omega_0^2 - \omega^2} \tag{5.102}$$

und für die Amplitude

$$\xi = \frac{f_0}{\sqrt{(\omega^2 - \omega_0^2)^2 + 4\beta^2 \omega^2}}. \tag{5.103}$$

Zu der speziellen Lösung der inhomogenen Gleichung tritt noch die allgemeine Lösung der homogenen Gleichung, d.h. eine freie gedämpfte Schwingung. Wegen des Faktors $e^{-\beta t}$ ist

5.3 Kleine Schwingungen

Abb. 5.13 Die Phase $\varphi(\omega)$ für den getriebenen Oszillator

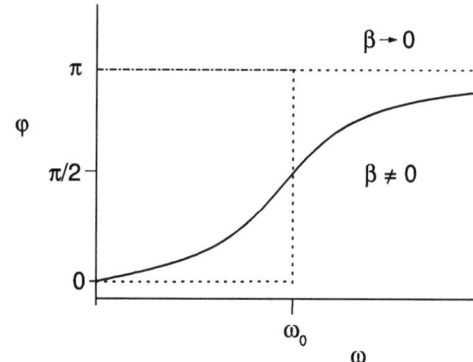

dieser Anteil nach genügend langer Zeit abgeklungen und es bleibt die inhomogene Lösung als **stationäre Lösung** unabhängig von den Anfangsbedingungen.

Die Amplitude ξ und Phase φ der stationären Lösung haben folgenden Verlauf in Abhängigkeit von ω (siehe Abb. 5.13):

Für kleine Frequenzen ω kann das System der äußeren Kraft (praktisch) ohne Verzögerung folgen: $\varphi \to 0$ für $\omega \to 0$. Mit wachsendem ω nimmt φ zu, erreicht für $\omega = \omega_0$, wo die Frequenz der äußeren Kraft gleich der **Eigenfrequenz** ω_0 des Oszillators ist, den Wert $\pi/2$ und strebt für $\omega \to \infty$ gegen den Wert π, wo der Osillator gegenphasig zur äußeren Kraft schwingt.

Für den Sonderfall $\beta \to 0$ wechselt φ sprungartig von 0 auf π für $\omega = \omega_0$ (gestrichelte Linie in Abb. 5.13).

Die Amplitude ξ hat für $\omega = 0$ den Wert f_0/ω_0^2. Falls $\omega_0^2 > 2\beta^2$, wächst ξ mit steigender Frequenz ω, erreicht ein Maximum für $\omega_a = \sqrt{\omega_0^2 - 2\beta^2} \leq \omega_0$ und strebt dann monoton gegen null (siehe Abb. 5.14).

Abb. 5.14 Die Amplitude $\xi(\omega)$ für den getriebenen Oszillator

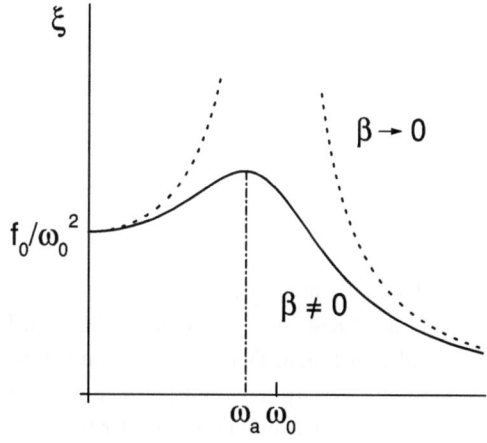

Für starke Dämpfung, $2\beta^2 > \omega_0^2$, bildet sich kein Maximum aus; ξ strebt mit wachsendem ω gegen Null, beginnend bei f_0/ω_0^2 für $\omega = 0$.

Von besonderer Bedeutung ist die Frequenz $\omega = \omega_0$. Dort passiert die Phase φ den Wert $\pi/2$ und die von der äußeren Kraft geleistete Arbeit wird maximal (**Energieresonanz**).

Beweis Wir berechnen die von der äußeren Kraft $f(t)$ während der Zeit $T = 2\pi/\omega$ am Oszillator geleistete, mittlere Arbeit:

$$\overline{W}_f = \frac{1}{T} \int_0^T f(t)\,\dot{x}\,dt = \frac{mf_0}{T} \int_0^T \dot{x}(t)\cos(\omega t)\,dt, \tag{5.104}$$

wobei

$$\dot{x}(t) = -\xi\omega\sin(\omega t - \varphi) \tag{5.105}$$

ist. **Ergebnis**

$$\overline{W}_f = \frac{\beta m f_0^2 \omega^2}{\left(\omega^2 - \omega_0^2\right)^2 + (2\beta\omega)^2}. \tag{5.106}$$

Aus der Forderung:

$$\frac{d}{d\omega}\overline{W}_f(\omega) = \frac{d}{d\omega}\frac{\beta m f_0^2 \omega^2}{\left(\omega^2 - \omega_0^2\right)^2 + (2\beta\omega)^2} = 0 \tag{5.107}$$

findet man, daß die mittlere auf den Oszillator übertragene Energie $\overline{W}_f$ ein Maximum hat für $\omega = \omega_0$.

Die zugeführte Energie $\overline{W}_f$ kompensiert exakt die Energie, die der Oszillator auf Grund der Dämpfung – gemittelt über die Periode T – verliert (5.96), d. h.

$$\overline{W}_\beta = \frac{1}{T}\int_0^T \frac{dE}{dt}\,dt = -\frac{2m\beta}{T}\int_0^T \dot{x}^2\,dt = -\overline{W}_f. \tag{5.108}$$

Beispiele

1. **Ionenkristalle,** z. B. NaCl
   Fällt eine Lichtwelle auf einen solchen Kristall, so versetzt das oszillierende, elektrische Feld der Lichtwelle die positiv geladenen Ionen in Schwingung relativ zu den negativ geladenen Ionen. Der Kristall nimmt dabei Energie auf, die der Lichtwelle entzogen wird; die Absorption von Energie durch den Kristall ist maximal, wenn die Frequenz ω des Lichtes zusammenfällt mit der Eigenfrequenz ω_0 des Kristalls.

2. Durch Abstimmung eines **elektrischen Schwingkreises** kann man die Eigenfrequenz ω_0 eines Radios auf die Frequenz ω der Radiowelle eines bestimmten Senders einstellen. Der Empfänger absorbiert dann hauptsächlich Radiowellen des gewünschten Senders.
3. **Mikrowellenherd**
   Durch Abstimmung der Frequenz der Mikrowelle ω_0 werden resonant Schwingungen der H_2O Moleküle angeregt; die aufgenommene Schwingungsenergie wird in thermische Energie durch Wechselwirkungen umgesetzt.

5.3.4 Gekoppelte harmonische Schwingungen

Einfaches Beispiel 2 gekoppelte Pendel (Abb. 5.15)
2 Teilchen mit den Massen m_1 und m_2, die sich nur längs einer Geraden (x-Achse) bewegen können, seien miteinander durch eine anziehende Kraft (k) gekoppelt, die proportional zur Differenz der Auslenkungen aus der Ruhelage ($x_1 = 0$, $x_2 = 0$) wächst. Außerdem sollen die Teilchen durch Federkräfte (k_1, k_2) an ihre Ruhelagen gebunden sein. Dann lauten die Bewegungsgleichungen:

$$m_1 \ddot{x}_1 = -k_1 x_1 - k(x_1 - x_2) \tag{5.109}$$

$$m_2 \ddot{x}_2 = -k_2 x_2 - k(x_2 - x_1). \tag{5.110}$$

Die Terme $-k_1 x_1$ und $-k_2 x_2$ sind äußere Kräfte, dagegen ist $k_{12} = -k(x_1 - x_2) = -k_{21}$ eine innere Kraft, für die das Actio=Reactio-Prinzip gilt.

Zur Lösung der Bewegungsgleichungen formen wir um:

$$\ddot{x}_1 + \omega_1^2 x_1 = \frac{k}{m_1} x_2 \tag{5.111}$$

$$\ddot{x}_2 + \omega_2^2 x_2 = \frac{k}{m_2} x_1 \tag{5.112}$$

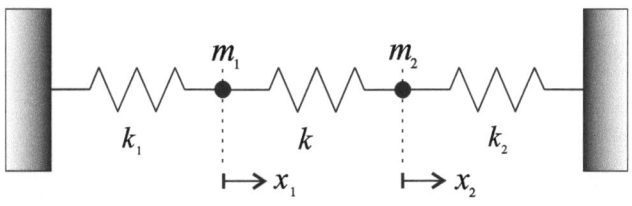

Abb. 5.15 Zwei Teilchen mit Massen m_1 und m_2 sind durch eine Feder mit Stärke k gekoppelt und über Federn der Stärke k_1 und k_2 mit den Wänden verbunden

mit
$$\omega_i^2 = \frac{k + k_i}{m_i} \; ; \; i = 1, 2. \qquad (5.113)$$

Struktur des Problems:
Für $k = 0$ hätten wir 2 entkoppelte Oszillatoren; für $k \neq 0$ beschreiben die rechten Seiten von (5.111) und (5.112) die Kopplung.

Wir betrachten weiter den vereinfachten Fall:
$$m_1 = m_2 = m; \; k_1 = k_2 = k_0 \rightarrow \omega_1 = \omega_2 = \omega_0 \qquad (5.114)$$

also:

$$\ddot{x}_1 + \omega_0^2 x_1 = \frac{k}{m} x_2 \qquad (5.115)$$

$$\ddot{x}_2 + \omega_0^2 x_2 = \frac{k}{m} x_1. \qquad (5.116)$$

Mit dem Lösungsansatz
$$x_1 = a_1 \cos \omega t \; ; \; x_2 = a_2 \cos \omega t \qquad (5.117)$$

folgt
$$(\omega_0^2 - \omega^2) a_1 - \frac{k}{m} a_2 = 0 \qquad (5.118)$$

und
$$-\frac{k}{m} a_1 + (\omega_0^2 - \omega^2) a_2 = 0. \qquad (5.119)$$

Damit das lineare Gleichungssystem für die Unbekannten a_1 und a_2 nicht-triviale Lösungen hat, muß die Determinante der Koeffizienten verschwinden:

$$\begin{vmatrix} (\omega_0^2 - \omega^2) & -\frac{k}{m} \\ -\frac{k}{m} & (\omega_0^2 - \omega^2) \end{vmatrix} = 0 \qquad (5.120)$$

also:
$$(\omega_0^2 - \omega^2)^2 = \frac{k^2}{m^2}. \qquad (5.121)$$

Die Lösungen sind:

1. $\omega_a = \sqrt{\frac{k_0 + 2k}{m}}$; dann folgt:
$$a_1 = -a_2, \qquad (5.122)$$

d.h. die Teilchen schwingen in Gegenphase (**antisymmetrische Schwingung**).

5.3 Kleine Schwingungen

2. $\omega_s = \sqrt{\frac{k_0}{m}}$: In diesen Fall erhält man eine **symmetrische Schwingung**,

$$a_1 = a_2, \tag{5.123}$$

d. h. die Feder k wird überhaupt nicht beansprucht. Daher schwingen die Teilchen mit der ungestörten Frequenz $\omega = \sqrt{\frac{k_0}{m}}$, so als wäre die Kopplung nicht vorhanden.

Im Fall 1.) dagegen wird die Feder k während der Schwingung gestreckt bzw. zusammengedrückt. Die allgemeine Lösung ist eine Superposition beider Lösungen und lautet:

$$x_1 = A_s \cos(\omega_s t + \alpha_s) + A_a \cos(\omega_a t + \alpha_a), \tag{5.124}$$

$$x_2 = A_s \cos(\omega_s t + \alpha_s) - A_a \cos(\omega_a t + \alpha_a). \tag{5.125}$$

Sie enthält $2 \cdot 2 = 4$ freie Konstanten ($A_s, A_a, \alpha_s, \alpha_a$) entsprechend der Zahl der Freiheitsgrade des Systems.

Die oben gefundenen Schwingungstypen legen es nahe, **Normalkoordinaten** einzuführen:

$$q_s = x_1 + x_2 \tag{5.126}$$

$$q_a = x_1 - x_2. \tag{5.127}$$

In den Variablen q_s, q_a liegen dann entkoppelte Bewegungsgleichungen vor:

$$\ddot{q}_s + \left(\omega_0^2 - \frac{k}{m}\right) q_s = 0, \tag{5.128}$$

$$\ddot{q}_a + \left(\omega_0^2 + \frac{k}{m}\right) q_a = 0, \tag{5.129}$$

wie man leicht durch Einsetzen in (5.115) und (5.116) sieht. Entsprechend findet man für die Energie:

$$\begin{aligned} E &= \frac{m}{2}\dot{x}_1^2 + \frac{k_0}{2}x_1^2 + \frac{m}{2}\dot{x}_2^2 + \frac{k_0}{2}x_2^2 + \frac{k}{2}(x_1 - x_2)^2 \\ &= \frac{m}{4}\dot{q}_s^2 + \frac{k_0}{4}q_s^2 + \frac{m}{4}\dot{q}_a^2 + \frac{k_0 + 2k}{4}q_a^2. \end{aligned} \tag{5.130}$$

Das oben skizzierte Verfahren der Entkopplung von Schwingungen durch Einführung von Normalkoordinaten ist in der harmonischen Näherung generell möglich.

Beispiel: Schwingungen von Molekülen und Kristallen.

In Zusammenfassung dieses Kapitels haben wir wichtige Anwendungen der Nnewton'schen Mechanik für Zentralkräfte vorgestellt, bei denen das Potential U nur vom Betrag des relativen Abstands $|\mathbf{r}_1 - \mathbf{r}_2|$ zwischen zwei Massenpunkten abhängt. In diesem Fall gelten die Erhaltungssätze für Impuls, Drehimpuls und Energie, was die Anzahl der unanhängigen Freiheitsgrade erheblich reduziert. Ein wichtiger Fall sind $1/r^2$-Kräfte, die für Coulomb- und Gravitationskräfte gelten; wir haben die Trajektorien nach ihrer Energie klassifiziert und Kepler's Gesetze für die Bewegung von Planeten abgeleitet. Darüber hinaus wurde das Gravitationsgesetz formuliert und Gravitationsfelder für statische Massenverteilungen eingeführt. Zusätzlich wurde die Dynamik eines linearen Oszillators diskutiert und die Lösungen wurden aus den Bewegungsgleichungen auch im Falle zusätzlicher Reibungskräfte berechnet. Der Fall eines gedämpften Oszillators, der durch eine externe periodische Kraft angetrieben wird, führte zur Bildung von Resonanzen, die in Bezug auf die Energiebilanz analysiert wurden. Darüber hinaus wurde das Problem der gekoppelten harmonischen Schwingungen behandelt, das durch die Einführung von Normalkoordinaten gelöst wurde, welche die Bewegungsgleichungen entkoppeln.

Relativistische Mechanik 6

Inhaltsverzeichnis

6.1	Spezielle Relativitätstheorie	98
	6.1.1 Lorentz-Transformation	98
	6.1.2 Herleitung der Lorentz-Transformation	99
	6.1.3 Raum-Zeit Diagramme	102
6.2	Konsequenzen der Lorentz-Transformationen	105
	6.2.1 Addition von Geschwindigkeiten	105
	6.2.2 Lorentz-Kontraktion	106
	6.2.3 Gleichzeitigkeit	107
	6.2.4 Zeitdilatation	108
	6.2.5 Kausalität und Grenzgeschwindigkeit von Signalen	108
	6.2.6 Beispiele und Erläuterungen	109
6.3	Mathematische Aspekte der Lorentz -Transformationen	111
	6.3.1 Lorentz-Gruppe	111
	6.3.2 Lorentz-Skalare, -Vektoren, -Tensoren	113
	6.3.3 Viererstromdichte	115
6.4	Relativistische Dynamik	116
	6.4.1 Impuls und Energie	116
	6.4.2 Stoßprobleme	120
	6.4.3 Bewegungsgleichungen	122
	6.4.4 Lorentz-Transformation der Kraft	124

Bisher haben wir die klassische Newton'sche Mechanik eingeführt, die jedoch andere Transformationseigenschaften aufweist als die Maxwell'schen Gleichungen der Elektrodynamik. Diese Inkompatibilität wurde in Einsteins spezieller Relativitätstheorie gelöst: Wir müssen die Galilei-Transformation zwischen Inertialsystemen durch die Lorentz-Transformation ersetzen, welche die Lichtgeschwindigkeit c in allen Inertialsystemen invariant hält. Wir werden die Lorentz-Transformation explizit (in einem einfachen Fall) ableiten und ihre Folgerungen diskutieren: Lorentz-Kontraktion, Zeitdilatation, Gleichzeitigkeit in bewegten

Systemen sowie Kausalität und die Begrenzung der Signalgschwindigkeit. Einige mathematische Aspekte der Lorentz-Gruppe von Transformationen werden aufgeführt, und Lorentz-Skalare, Vierervektoren und Lorentz-Tensoren werden ebenso identifiziert wie entsprechende physikalische Größen, z. B. Viererstromdichten. Wir schließen die Diskussion der relativistischen Dynamik mit der Einführung des Energie-Impuls Vierervektors ab, der in allen vier Komponenten für abgeschlossene Systeme erhalten bleibt. Als Beispiel für Streuprobleme wird die Compton-Streuung eines Photons an einer ruhenden Ladung e explizit berechnet. Die Ableitung der Lorentz-Transformation der Kraft wird dieses Kapitel abschließen.

6.1 Spezielle Relativitätstheorie

6.1.1 Lorentz-Transformation

Das Galilei'sche Relativitätsprinzip (siehe Abschn. 3.1) lautet:

Die Grundgesetze der Mechanik haben in allen Inertialsystemen die gleiche Form.

Dabei sind zwei Inertialsysteme Σ und Σ' miteinander verknüpft durch eine Galilei-Transformation (siehe Abschn. 3.1.2)

$$\vec{r}\,' = \vec{r} - \vec{v}_0 t; \qquad t' = t, \tag{6.1}$$

woraus für die Geschwindigkeiten folgt:

$$\vec{v}\,' = \vec{v} - \vec{v}_0. \tag{6.2}$$

Die Beziehungen (6.1) und (6.2) sind zu benutzen, wenn zwei Inertialbeobachter, die sich mit der konstanten Geschwindigkeit $\vec{v}_0$ relativ zueinander bewegen, ihre Messungen vergleichen wollen.

Die Newton'schen Bewegungsgleichungen sind (als Grundgesetz der Mechanik) invariant unter Galilei-Transformationen, da nach (6.1) und (6.2) gilt für die Beschleunigung

$$\vec{a}\,' = \vec{a} \tag{6.3}$$

und die Masse in der Newton'schen Mechanik eine vom Bewegungszustand unabhängige Eigenschaft eines Massenpunktes ist. Die Erhaltungssätze für Energie, Impuls und Drehimpuls sind ebenfalls Galilei invariante Aussagen (vgl. Abschn. 4.3 und 4.4).

Das Galilei'sche Relativitätsprinzip hat sich für ‚kleine' Teilchengeschwindigkeiten gut bewährt. Schwierigkeiten ergeben sich jedoch:

i) für ‚schnell bewegte' Teilchen und
ii) bei der Übertragung auf die Elektrodynamik, speziell die Optik.

Bewegt sich nämlich eine Lichtquelle gegenüber einem Beobachter mit der Geschwindigkeit $\vec{v}_0$, so wäre nach (6.2) die Geschwindigkeit eines von der Lichtquelle ausgehenden Signals $c \pm v_0$, je nachdem ob sich Lichtquelle und Beobachter einander nähern oder voneinander entfernen. Die Maxwell-Gleichungen (siehe Elektrodynamik), speziell die Wellengleichungen im Vakuum könnten dann nur in einem einzigen Bezugssystem gelten. Alle Versuche (wie z. B. der Michelson-Versuch), die die Existenz eines solchen **absolut ruhenden** Systems nachzuweisen, sind eindeutig gescheitert.

Die richtige Konsequenz aus diesem offensichtlichen Problem zog Einstein. Seine **Spezielle Relativitätstheorie** baut auf 2 Postulaten auf:

1) **Die Naturgesetze sind in allen Inertialsystemen gleich.**
2) **Die Ausbreitungsgeschwindigkeit von Lichtsignalen im Vakuum ist in allen Inertialsystemen gleich.**

Da die Postulate 1.) und 2.) nicht mit (6.1), (6.2) verträglich sind, müssen wir nach einer neuen Transformation für den Übergang von einem Inertialsystem Σ auf ein anderes Inertialsystem Σ' suchen.

6.1.2 Herleitung der Lorentz-Transformation

Wir betrachten zwei Inertialsysteme Σ, Σ', die sich mit konstanter Geschwindigkeit $v = v_0$ (der Einfachheit halber) in x-Richtung relativ zueinander bewegen. Ein Lichtsignal werde vom Ursprung O von Σ zur Zeit $t = 0$ ausgesandt, wobei O gerade mit dem Ursprung O' von Σ' zusammenfällt. Nach dem Einstein'schen Relativitätsprinzip müssen 2 Beobachter in Σ und Σ' die Ausbreitung des Lichtsignals nach den gleichen Gesetzen beschreiben. Für den Beobachter in Σ breitet sich das Signal als Kugelwelle mit Ursprung in O aus, deren Front zur Zeit t den Abstand $r = ct$ von O hat. Die Wellenfront ist also bestimmt durch:

$$r^2 = x^2 + y^2 + z^2 = c^2 t^2. \tag{6.4}$$

Für den Beobachter in Σ' liegt das Zentrum der Kugelwelle in O', für ihn gilt anstelle von (6.4):
$$r'^2 = x'^2 + y'^2 + z'^2 = c^2 t'^2. \tag{6.5}$$

Die Beobachtungen (6.4) und (6.5) sind mit (6.1) nicht verträglich, denn aus (6.5) folgt mit (6.1):
$$(x - vt)^2 + y^2 + z^2 = c^2 t^2, \tag{6.6}$$

was für $v \neq 0$ nicht mit (6.4) übereinstimmt. Wir versuchen nun (6.1), (6.2) so zu modifizieren, daß durch die neue Transformation (6.4) und (6.5) ineinander übergehen.

Die gesuchte Transformation muß linear sein, damit die kräftefreie Bewegung eines Teilchens im System Σ auch in jedem anderen Inertialsystem Σ' kräftefrei ist: die Bahngleichung $\vec{r} = \vec{v}t +$ const. in Σ muß beim Übergang auf Σ' eine in $\vec{r}'$ und t' lineare Beziehung ergeben. Wegen der Homogenität von Raum und Zeit können wir Σ und Σ' stets so wählen, daß für $t = 0$ die Punkte O und O' zusammenfallen; die gesuchte Transformation ist dann homogen. Für den oben gewählten Fall

$$\vec{v} = (v, 0, 0) \tag{6.7}$$

kann man auf Grund der Raum-Isotropie die Achsen in Σ' immer so wählen, daß die x'-Achse dauernd mit der x-Achse zusammenfällt. Für einen Punkt auf der x-Achse mit $y = 0 = z$ in Σ gilt dann auch in Σ' stets: $y' = 0 = z'$. Damit zerfällt die gesuchte Transformation

$$(x, y, z, ct) \to (x', y', z', ct') \tag{6.8}$$

derart, daß
$$(x, ct) \to (x', ct') \tag{6.9}$$

und
$$(y, z) \to (y', z'). \tag{6.10}$$

Durch eine Drehung um die x-Achse kann man dann stets erreichen, daß
$$y = \lambda y'; \qquad z = \lambda z'; \tag{6.11}$$

wegen der Gleichwertigkeit der Systeme Σ und Σ' muß dann $\lambda = 1$ sein:
$$y' = y; \qquad z' = z. \tag{6.12}$$

Für die Transformation (6.9) setzen wir an:
$$x' = a_1 x + a_2 t; \qquad t' = a_3 x + a_4 t. \tag{6.13}$$

Da der Ursprung O' von Σ' relativ zu Σ die Geschwindigkeit v hat, folgt aus
$$0 = a_1 x + a_2 t \tag{6.14}$$

6.1 Spezielle Relativitätstheorie

sofort
$$a_2 = -a_1 v. \tag{6.15}$$

Also wird aus (6.13):
$$x' = a_1(x - vt); \qquad t' = a_3 x + a_4 t. \tag{6.16}$$

Die restlichen Koeffizienten a_1, a_3, a_4 bestimmen wir aus der Forderung, daß (6.5) mit (6.12), (6.16) in (6.4) übergehen soll. Damit

$$(a_1^2 - a_3^2 c^2)x^2 + y^2 + z^2 = 2(a_1^2 v + c^2 a_3 a_4)xt + (c^2 a_4^2 - a_1^2 v^2)t^2 \tag{6.17}$$

für alle x, y, z, t mit (6.4) übereinstimmt, muß gelten:

$$a_1^2 - c^2 a_3^2 = 1; \qquad a_4^2 - \beta^2 a_1^2 = 1; \qquad a_1^2 v + c^2 a_3 a_4 = 0 \tag{6.18}$$

mit der Abkürzung
$$\beta = \frac{v}{c}. \tag{6.19}$$

Die Kombination der ersten beiden Gleichungen in (6.18) ergibt

$$c^2 a_3^2 a_4^2 = (a_1^2 - 1)(1 + \beta^2 a_1^2); \tag{6.20}$$

damit folgt aus der 3. Gleichung in (6.18) (aufgelöst nach $a_3 a_4$):

$$a_1^4 \beta^2 = (a_1^2 - 1)(1 + \beta^2 a_1^2) = a_1^2 + a_1^4 \beta^2 - a_1^2 \beta^2 - 1, \tag{6.21}$$

also
$$-a_1^2 + 1 + \beta^2 a_1^2 = 0 \qquad \rightarrow a_1^2 = \frac{1}{1 - \beta^2}. \tag{6.22}$$

Mit (6.22) ergibt (6.18):

$$a_4^2 = 1 + \frac{\beta^2}{1 - \beta^2} = a_1^2; \qquad a_3^2 = \frac{a_1^2 - 1}{c^2} = \frac{\beta^2}{c^2(1 - \beta^2)}. \tag{6.23}$$

Die Wahl der Vorzeichen steht noch aus: Für $\beta \to 0$ sollen (6.12) und (6.13) in (6.1) übergehen, also:

$$a_1 = a_4 = \frac{1}{\sqrt{1 - \beta^2}}; \qquad a_3 = -\frac{\beta}{c\sqrt{1 - \beta^2}}. \tag{6.24}$$

Die Lorentz-Transformation lautet damit:

$$x' = \frac{x - vt}{\sqrt{1 - \beta^2}}; \quad y' = y; \quad z' = z; \quad t' = \frac{t - vx/c^2}{\sqrt{1 - \beta^2}}. \tag{6.25}$$

Die Umkehrung

$$x = \frac{x' + vt'}{\sqrt{1 - \beta^2}}; \quad y = y'; \quad z = z'; \quad t = \frac{t' + vx'/c^2}{\sqrt{1 - \beta^2}} \tag{6.26}$$

erhält man durch Ersetzung von v durch $-v$, d. h. durch Vertauschen der gleichberechtigten Systeme Σ und Σ'.

6.1.3 Raum-Zeit Diagramme

Die Zusammenhänge zwischen Inertialsystemen lassen sich in einem Raum-Zeit Diagramm darstellen. Außer der Koordinate $x_0 = ct$ betrachten wir noch eine repräsentative Orts-Koordinate x_1. Punkte (x_0, x_1), oder allgemein (x_0, x_1, x_2, x_3), in diesem Diagramm heißen **Ereignisse** oder **Weltpunkte.** Die Verbindung zweier Weltpunkte durch eine **Weltlinie** kann die Bahn eines Massenpunktes oder eines Lichtsignals sein.

Entscheidend für die Darstellung von Ereignissen in verschiedenen Inertialsystemen ist die Tatsache, daß der **Weltabstand** eines Ereignisses vom Ursprung

$$s^2 = c^2 t^2 - r^2 \tag{6.27}$$

invariant unter Lorentz-Transformationen ist (siehe (6.4), (6.5)). In der 2-dimensionalen Darstellung in der x_0, x_1- Ebene ist

$$r^2 = x_1^2 \tag{6.28}$$

zu setzen; allgemein:

$$r^2 = x_1^2 + x_2^2 + x_3^2. \tag{6.29}$$

Nach (6.4) ist die Lichtausbreitung, d. h. die Weltlinien von Photonen, gekennzeichnet durch

$$s^2 = 0. \tag{6.30}$$

In der 2-dimensionalen Darstellung reduziert sich (6.30) auf die beiden Geraden

$$x_1 = \pm x_0; \qquad (6.31)$$

nimmt man eine weitere Ortskoordinate x_2 hinzu, so erhält man aus (6.31) durch Rotation um die x_0-Achse einen Kegel (**Lichtkegel**), im allgemeinen Fall einen Hyperkegel in 4 Dimensionen. Gl. (6.30) beschreibt für $x_0 < 0$ ein Lichtsignal, das am Ursprung $(0,0)$ eintrifft, für $x_0 > 0$ ein Lichtsignal, welches von $(0,0)$ ausgesandt wird.

Der Lichtkegel unterteilt den Minkowski-Raum (Abb. 6.1) in 2 Bereiche für

$$s^2 > 0 \text{ und } s^2 < 0. \qquad (6.32)$$

Das Gebiet $s^2 > 0$ umfaßt die **Vergangenheit,** $x_0 < 0$, aus der ein Beobachter in $(0,0)$ Signale empfangen kann, und die **Zukunft,** $x_0 > 0$, in die er Signale senden kann. Physikalisch von uns realisierbare Weltlinien verlaufen immer im Gebiet $s^2 > 0$, da c die Grenzgeschwindigkeit für den Transport von Materie oder Energie darstellt (siehe Abb. 6.1).

Das Gebiet $s^2 < 0$ ist für uns nicht erreichbar; wir können weder dorthin gelangen, noch von dort (nach dort) Signale empfangen (senden). In diesem (**raumartigen**) Gebiet könnte es Teilchen geben, für die die Lichtgeschwindigkeit c eine untere Grenze bildet (**Tachyonen**). Solche Spekulationen sind jedoch für die weitere Formulierung der Mechanik ohne Bedeutung.

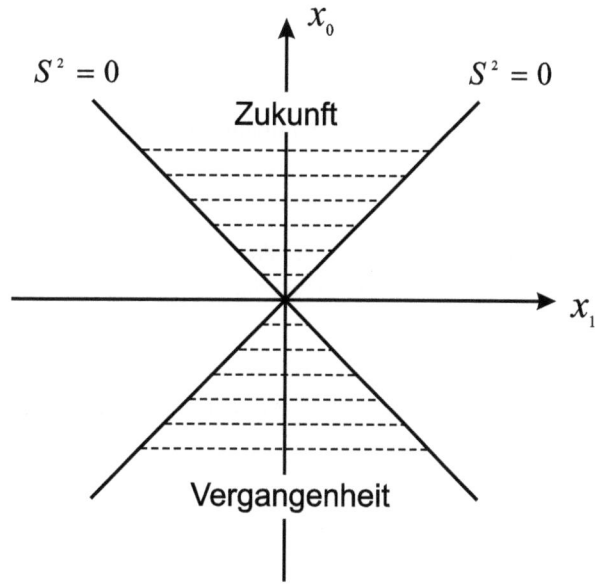

Abb. 6.1 Raum-Zeit Diagramm mit der Aufspaltung in Vergangenheit und Zukunft sowie in raumartige und zeitartige Bereiche

Bemerkung: Die obige Unterteilung von Vergangenheit, Zukunft und raumartigen Weltpunkten ($s^2 < 0$) ist in jedem Inertialsystem dieselbe, da der trennende Lichtkegel eine Lorentz-Invariante ist!

Um 2 Inertialsysteme Σ, Σ' in einem Minkowski-Diagramm darzustellen, schreiben wir (6.25) in der Form

$$x_0' = \gamma(x_0 - \beta x_1); \qquad x_1' = \gamma(x_1 - \beta x_0) \qquad (6.33)$$

mit der Abkürzung

$$\gamma = \frac{1}{\sqrt{1-\beta^2}}. \qquad (6.34)$$

Die x_1'-Achse ist dann die Gesamtheit aller Punkte mit $x_0' = 0$; umgekehrt ist die x_0'-Achse durch $x_1' = 0$ bestimmt. Dann folgt aus (6.33):

$$0 = \gamma(x_0 - \beta x_1) \to x_0 = \beta x_1; \; 0 = \gamma(x_1 - \beta x_0) \to x_1 = \beta x_0. \qquad (6.35)$$

Die Achsen in Σ' sind also Geraden durch den Ursprung, die symmetrisch zum Lichtkegel liegen und gegen die Achsen in Σ um den Winkel α geneigt sind (siehe Abb. 6.2), für den gilt:

$$\tan \alpha = \beta. \qquad (6.36)$$

Zur Festlegung von (Zeit- und Längen-) Einheiten benutzen wir, daß die Größe s^2 Lorentz-invariant ist. Der Schnittpunkt der Hyperbel (bzw. des einschaligen Hyperboloids)

$$s^2 = -1 \qquad (6.37)$$

mit der (positiven) x_1- bzw. x_1'-Achse ist der Punkt $(0, 1)$ in Σ bzw. Σ'; er definiert die Längeneinheit. Der Schnittpunkt der Hyperbel (bzw. des zweischaligen Hyperboloids)

$$s^2 = +1 \qquad (6.38)$$

mit der (positiven) x_0- bzw. x_0'-Achse ist der Punkt $(1, 0)$ in Σ bzw. Σ', der die Zeiteinheit definiert.

Abb. 6.2 Illustration einer Lorentz Transformation in x-Richtung mit Geschwindigkeit β. Die x_0 und x_1 Achsen sind geneigt um den Winkel α definiert durch $\tan\alpha = \beta$ in Σ'

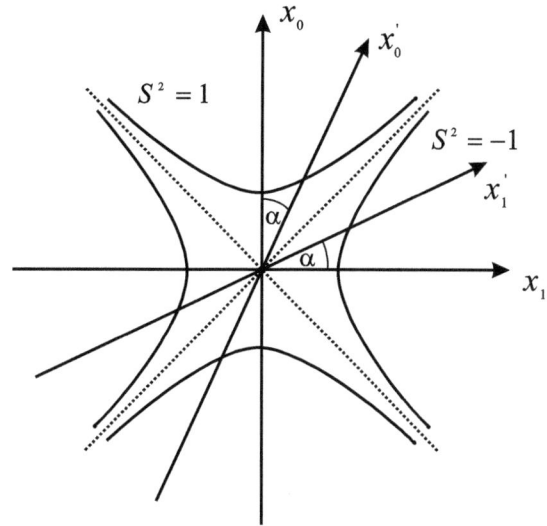

6.2 Konsequenzen der Lorentz-Transformationen

6.2.1 Addition von Geschwindigkeiten

Ein Massenpunkt bewege sich in Σ mit der Geschwindigkeit

$$\vec{v} = \frac{d\vec{r}}{dt}. \tag{6.39}$$

Wir suchen nun den Zusammenhang von $\vec{v}$ mit der von einem anderen Inertialbeobachter in Σ' festgestellten Geschwindigkeit des Massenpunktes

$$\vec{v}' = \frac{d\vec{r}'}{dt'}. \tag{6.40}$$

Dazu bilden wir die Differentiale zu (6.25):

$$dx' = \gamma(dx - v\,dt) = \gamma(v_x - v)dt; \quad dt' = \gamma\left(dt - \frac{v}{c^2}dx\right) = \gamma\left(1 - \frac{vv_x}{c^2}\right)dt. \tag{6.41}$$

Dann wird

$$v'_y = \frac{dy'}{dt'} = \frac{dy}{dt}\frac{\sqrt{1-\beta^2}}{(1 - vv_x/c^2)} = v_y\frac{\sqrt{1-\beta^2}}{(1 - vv_x/c^2)} \tag{6.42}$$

und ebenso

$$v'_z = \frac{dz'}{dt'} = \frac{dz}{dt} \frac{\sqrt{1-\beta^2}}{(1-vv_x/c^2)} = v_z \frac{\sqrt{1-\beta^2}}{(1-vv_x/c^2)}, \quad (6.43)$$

da $dy' = dy$, $dz' = dz$. Dagegen erhalten wir für v'_x mit (6.41):

$$v'_x = \frac{dx'}{dt'} = \frac{dx'}{dt} \frac{\sqrt{1-\beta^2}}{(1-vv_x/c^2)} = \frac{v_x - v}{(1-vv_x/c^2)}. \quad (6.44)$$

Spezialfall: Für $v_y = v_z = 0$ wird

$$v'_x = \frac{v_x - v}{(1 - vv_x/c^2)}, \quad v'_y = 0, v'_z = 0, \quad (6.45)$$

und man erhält für den Grenzfall

i) $v \ll c$

$$v'_x = v_x - v \quad (6.46)$$

gerade (6.2) und im Limes

ii) $v \to c$

$$|v'_x| \to c, \quad (6.47)$$

womit c die Rolle einer Grenzgeschwindigkeit spielt.

6.2.2 Lorentz-Kontraktion

Wir betrachten einen Stab der Länge l_0, der im System Σ ruht und (der Einfachheit halber) in x-Richtung liegen möge. Die Koordinaten der Endpunkte des Stabes x_1, x_2 sind dann unabhängig von der Zeit t in Σ und es ist

$$l_0 = x_2 - x_1 \quad (6.48)$$

die **Ruhelänge** des Stabes. Um die Länge des Stabes in einem System Σ', das sich relativ zu Σ mit der Geschwindigkeit v in x-Richtung bewegt, zu berechnen, muß man die Koordinaten der Endpunkte x'_1, x'_2 **gleichzeitig** in Σ', d.h. zu einer Zeit $t'_1 = t'_2 = t'$, bestimmen; die so bestimmte Länge

$$l' = x'_2 - x'_1 \quad (6.49)$$

ist dann gemäß (6.25) mit l_0 verknüpft durch:

$$l_0 = x_2 - x_1 = \gamma(x'_2 - x'_1) = \gamma l' \qquad (6.50)$$

oder

$$l' = \frac{l_0}{\gamma} < l_0, \qquad (6.51)$$

da $\gamma > 1$. Der gegenüber dem Stab bewegte Beobachter in Σ' beurteilt dessen Länge also kürzer als die Ruhelänge in Σ: **Lorentz-Kontraktion.** Senkrecht zur Bewegungsrichtung ergeben Längenmessungen in Σ und Σ' das gleiche Resultat.

Wenn umgekehrt ein Beobachter in Σ einen in Σ' ruhenden Stab mißt, stellt auch er nach dem Relativitätsprinzip eine Verkürzung fest, nicht etwa eine Verlängerung! Die Lorentz-Kontraktion bedeutet keine Veränderung des Objektes **Stab,** sondern nur eine unterschiedliche Betrachtungsweise der Beobachter in Σ und Σ'. Entscheidend für das Verständnis der Lorentz-Kontraktion ist der Begriff

6.2.3 Gleichzeitigkeit

Wir betrachten zwei Ereignisse, die im Inertialsystem Σ in den Punkten x_1 und x_2 mit $x_1 \neq x_2$ zur gleichen Zeit $t_1 = t_2 = t$ stattfinden. Nach der Lorentz-Transformation (6.25) sind die beiden Ereignisse in einem anderen Inertialsystem Σ' nicht nur räumlich getrennt, $x'_1 \neq x'_2$, sondern finden dort auch zu verschiedenen Zeiten $t'_1 \neq t'_2$ statt: Das Ereignis, das zur Zeit t am Ort x_1 in Σ stattfindet, wird in Σ' zur Zeit

$$t'_1 = \gamma(t - vx_1/c^2) \qquad (6.52)$$

beobachtet; entsprechend das Ereignis, das in Σ am Ort x_2 zur Zeit t stattfindet, zur Zeit

$$t'_2 = \gamma(t - vx_2/c^2) \qquad (6.53)$$

in Σ'. Also ist

$$\Delta t' = t'_2 - t'_1 \neq 0 \qquad (6.54)$$

falls $x_1 \neq x_2$. Die in Σ gleichzeitigen Ereignisse sind in Σ' nicht mehr gleichzeitig.

> **Gleichzeitigkeit** kann immer nur in einem bestimmten System definiert werden und geht beim Übergang auf ein anderes System verloren. Damit muß das Newton'sche Konzept der **absoluten Zeit** aufgegeben werden.

6.2.4 Zeitdilatation

Wir betrachten einen Sender am Ort x im System Σ, welcher im Abstand

$$\Delta t = t_2 - t_1 \tag{6.55}$$

Signale aussendet. Für einen Beobachter in einem System Σ', welches sich längs der x-Achse von Σ mit konstanter Geschwindigkeit v bewegt, ergibt sich nach (6.25) der zeitliche Abstand der Signale zu

$$\Delta t' = t_2' - t_1' = \gamma \Delta t > \Delta t. \tag{6.56}$$

Die in Σ' gemessene Zeit $\Delta t'$ ist also länger als die in Σ gemessenen **Eigenzeit** $\tau = \Delta t$ des Senders (**Zeitdilatation**). Beobachter in verschiedenen Inertielsystemen messen also verschiedene Zeitabstände der Signale, berechnen aber über (6.56) alle die gleiche Eigenzeit τ. Analog zur Lorentz-Kontraktion bedeutet die Zeitdilatation nicht eine Veränderung des Objektes **Sender**.

6.2.5 Kausalität und Grenzgeschwindigkeit von Signalen

Das Kausalitätsprinzip besagt:

> Wenn ein Ereignis A Ursache eines anderen Ereignisses B ist, so darf es kein Inertialsystem geben, in dem B vor A stattfindet.

Andernfalls könnte man durch Wechsel des Bezugsystems die zeitliche Reihenfolge von Ursache und Wirkung vertauschen.

Als Folge des Kausalitätsprinzips ist die Lichtgeschwindigkeit c im Vakuum eine obere Grenze für die Übermittlung von Information in Form von Energietransport (Lichtsignal) oder Massentransport (Austausch von Teilchen).

Erläuterung: Ein Neutron möge im System Σ am Ort A entstehen (z. B. durch den Zerfall eines angeregten Atomkerns) und sich von dort zum Ort B bewegen, wo es zerfällt. Dann darf es nach dem Kausalitätsprinzip kein anderes Inertialsystem Σ' geben, für dessen Beobachter das Neutron in B zerfällt bevor es in A entstanden ist.

Wir nehmen nun an, das Neutron bewege sich mit Geschwindigkeit $v = \eta c$ mit $\eta > 1$ und zeigen, daß dies im Widerspruch zum Kausalitätsprinzip steht: In Σ' findet man für das Zeitintervall $\Delta t'$ zwischen Entstehung und Zerfall des Neutrons

$$\Delta t' = \gamma(\Delta t - v\Delta x/c^2), \tag{6.57}$$

wenn Σ' sich relativ zu Σ mit der Geschwindigkeit v längs der x-Achse bewegt. Δt ist die Laufzeit des Neutrons in Σ, Δx die entsprechende Strecke,

$$\Delta x = \eta c \Delta t. \tag{6.58}$$

Damit wird:

$$\Delta t' = \gamma \Delta t \left(1 - \frac{\eta v}{c}\right), \tag{6.59}$$

und da $\eta > 1$ angenommen war, kann man $v < c$ so wählen, daß

$$\left(1 - \frac{\eta v}{c}\right) < 0. \tag{6.60}$$

Es gäbe dann ein System Σ', in dem $\Delta t' < 0$ bei $\Delta t > 0$, d. h. in dem das Neutron in B zerfällt, bevor es in A entstanden ist!

Bemerkung: Die obigen Überlegungen schließen nicht aus, daß **geometrische** Geschwindigkeiten $> c$ auftreten. Man kann z. B. den Lichtfleck, der auf dem Mond von einem von der Erde ausgesandten Laserstrahl erzeugt wird, mit einer Geschwindigkeit $> c$ über die Mondoberfläche wandern lassen. Dies widerspricht nicht dem Kausalitätsprinzip, denn der Weg des Lichtflecks auf dem Mond ist nur die Gesamtheit der Auftreffpunkte einzelner Lichtimpulse, von denen jeder die Strecke Erde-Mond mit der Geschwindigkeit c zurücklegt. Die Geschwindigkeit des Lichtflecks ist nicht mit dem Transport von Masse oder Energie auf der Mondoberfläche verbunden! Geschwindigkeiten $> c$ können auch bei der Ausbreitung elektromagnetischer Wellen in dispersiven Medien in Form von **Phasengeschwindigkeiten** auftreten (siehe Elektrodynamik).

6.2.6 Beispiele und Erläuterungen

Lebensdauer von Myonen
Ein Beispiel für die Zeitdilation liefert die Beobachtung von Muonen ($\mu^\pm$) an der Erdoberfläche, welche beim Eintritt der kosmischen Strahlung in der Erdatmosphäre entstehen. Die Myonen entstehen zwischen $h_{min} = 10$ Km und $h_{max} = 20$ Km über der Erdoberfläche; ihre

Mindestlaufzeit ist dann

$$\Delta t = \frac{h_{\min}}{c} \approx 30 \cdot 10^{-6} \,\text{sec.} = 30\,\mu\text{s}. \tag{6.61}$$

Die Lebensdauer eines (ruhenden) Myons ist jedoch nur $\tau \approx 2\,\mu$s, was einer maximalen Laufstrecke von $c\tau \approx 600$ m entsprechen würde! Folglich dürften nach der Newton'schen Mechanik die in den oberen Schichten der Erdatmosphäre entstandenen Myonen die Erdoberfläche überhaupt nicht erreichen!

Der scheinbare Widerspruch löst sich im Rahmen der Einstein'schen Relativitätstheorie zwanglos: Der Zerfall der Myonen ist eine Struktureigenschaft und damit die Lebensdauer τ vergleichbar der Eigenzeit einer Uhr. Die Lebensdauer im Ruhesystem ist daher von der auf der Erde gemessenen Zeit Δt zu unterscheiden; Gl.(6.56) zeigt, daß für $\beta \approx 0{,}98$ die obigen Werte für τ und Δt miteinander verträglich sind. Umgekehrt löst sich das Problem aus der Sicht des Ruhesystems des Myons durch die Lorentz-Kontraktion der Strecke von der oberen Atmosphäre zur Erdoberfläche.

Lorentz-Kontraktion im Minkowski-Diagramm

Wir betrachten einen in Σ ruhenden Einheitsmaßstab, der zur Zeit $t = 0$ die Endpunkte O und A haben möge. Im Minkowski-Diagramm **bewegt** sich der Maßstab senkrecht zur x_1-Achse in positiver x_0-Richtung.

Für einen Beobachter in Σ' ist die Länge des Maßstabs durch die Strecke von OA' gegeben, welche offensichtlich kürzer ist als die Längeneinheit OB' in Σ'. Letztere erscheint umgekehrt für einen Beobachter in Σ auf die Strecke OB verkürzt (siehe Abb. 6.3).

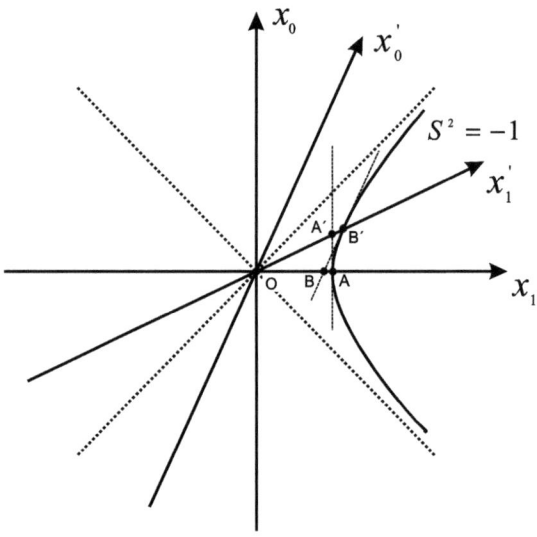

Abb. 6.3 Für einen Beobachter in Σ' ist die Längenskala durch den Abstand OA' gegeben, während für einen Beobachter in Σ die Längenskala verkürzt erscheint durch den Abstand OB

6.3 Mathematische Aspekte der Lorentz-Transformationen

Es soll weiterhin gezeigt werden, daß die Grundgleichungen der relativistischen Mechanik in allen Inertialsystemen die gleiche Form haben (**Kovarianz**) und damit dem Relativitätsprinzip genügen. Zur Vorbereitung untersuchen wir die mathematische Struktur der Lorentz-Transformationen.

6.3.1 Lorentz-Gruppe

Zunächst soll gezeigt werden, daß die Lorentz-Transformation als orthogonale komplexe Transformationen in einem 4-dimensionalen pseudo-euklidischen Vektorraum (**Minkowski-Raum**) aufgefaßt werden kann. Dazu führen wir folgende Koordinaten ein:

$$x_0 = ict, \qquad x_1 = x, \qquad x_2 = y, \qquad x_3 = z, \tag{6.62}$$

womit sich das Längenquadrat eines Raum-Zeit-Vektors in verschiedenen Bezugssystemen Σ und Σ' schreiben läßt als:

$$\sum_{\mu=0}^{3} x_\mu^2 = \sum_{\mu=0}^{3} x_\mu'^2. \tag{6.63}$$

Die allgemeine Lorentz-Transformation

$$x_\mu' = \sum_{\nu=0}^{3} a_{\mu\nu} x_\nu; \qquad \mu = 0, 1, 2, 3 \tag{6.64}$$

muß die **Länge** des Vektors (x_0, x_1, x_2, x_3) invariant lassen:

$$\sum_{\mu=0}^{3} x_\mu^2 = \mathbf{r}^2 - c^2 t^2 = \text{const.} \tag{6.65}$$

In Analogie zum 3-dimensionalen euklidischen Raum kann man diese Bedingung als Orthogonalitätsrelation für die Transformationskoeffizienten $a_{\mu\nu}$ schreiben:

$$\sum_{\nu=0}^{3} a_{\mu\nu}^T a_{\nu\lambda} = \delta_{\mu\lambda}, \tag{6.66}$$

wo a^T die zu a transponierte Matrix ist. Gl. (6.66) folgt aus:

$$\sum_\mu x_\mu'^2 = \sum_\mu \sum_{\nu\nu'} a_{\mu\nu} a_{\mu\nu'} x_\nu x_{\nu'} = \sum_{\nu\nu'} \left\{ \sum_\mu a_{\nu\mu}^T a_{\mu\nu'} \right\} x_\nu x_{\nu'} = \sum_{\nu\nu'} \delta_{\nu\nu'} x_\nu x_{\nu'} = \sum_\nu x_\nu^2. \tag{6.67}$$

Für eine Lorentz-Transformation in x_1-Richtung mit Geschwindigkeit $\beta = v/c$ hat die Transformationsmatrix $a_{\mu\nu}$ die spezielle Gestalt

$$a_{\mu\nu} = \begin{pmatrix} \gamma & -i\gamma\beta & 0 & 0 \\ i\gamma\beta & \gamma & 0 & 0 \\ 0 & 0 & 1 & 0 \\ 0 & 0 & 0 & 1 \end{pmatrix} \quad (6.68)$$

mit $\gamma^2 = 1/(1-\beta^2)$.

Die in (6.68) enthaltene Auszeichnung der x_1-Achse läßt sich beheben, indem man (6.68) mit einer orthogonalen Transformation im 3 dim. Raum in Form einer Drehung kombiniert. Grundlage dafür ist die Gruppeneigenschaft der Lorentz-Transformationen:

1) Führt man 2 Lorentz-Transformationen nacheinander aus,

$$x'_\mu = \sum_\nu a_{\mu\nu} x_\nu; \qquad x''_\rho = \sum_\nu a'_{\rho\nu} x'_\nu; \qquad (\Sigma \to \Sigma' \to \Sigma''), \quad (6.69)$$

so ist das Ergebnis

$$x''_\rho = \sum_{\nu,\mu} a'_{\rho\nu} a_{\nu\mu} x_\mu = \sum_\mu a''_{\rho\mu} x_\mu; \qquad (\Sigma \to \Sigma'') \quad (6.70)$$

wieder eine Lorentz-Transformation, denn für die Matrizen a'', a' und a gilt:

$$(a'')^T a'' = (a'a)^T (a'a) = a^T (a'^T a') a = a^T a = 1_4, \quad (6.71)$$

da nach Voraussetzung

$$a^T a = 1_4; \qquad (a')^T a' = 1_4 \quad (6.72)$$

ist mit 1_4 als der 4×4 Einheitsmatrix. Die Verknüpfung zwischen den Elementen der Gruppe ist also die (4×4) Matrix-Multiplikation.

2) Das neutrale Element ist die 1_4-Matrix für Lorentz-Transformationen mit Geschwindigkeit $v = 0$.
3) Zu jeder Transformation a gibt es eine inverse, da aus (6.66) folgt:

$$\det(a^T a) = (\det(a))^2 = 1, \quad (6.73)$$

also gilt:

$$\det(a) \neq 0. \quad (6.74)$$

4) Da die Matrix-Multiplikation assoziativ ist, gilt für Lorentz-Transformationen auch das Assoziativ-Gesetz.

Die orthogonalen Transformationen im 3-dimensionalen Raum (Drehungen und Spiegelungen) bilden eine Untergruppe der Lorentz-Gruppe, dargestellt durch

$$d_{\mu\nu} = \begin{pmatrix} 1 & 0 \\ 0 & d_{ik} \end{pmatrix} \tag{6.75}$$

mit $i, k = 1, 2, 3$ und

$$\sum_{m=1}^{3} d_{mi} d_{mj} = \delta_{ij}. \tag{6.76}$$

Die allgemeine Lorentz-Transformation (6.64) mit der Bedingung (6.66) erhält man durch Kombination von (6.68) mit (6.75), (6.76) und Hinzunahme der **Zeitumkehr**

$$x'_i = x_i; \qquad x'_0 = -x_0; \qquad i = 1, 2, 3. \tag{6.77}$$

Die Lorentz-Transformationen umfassen also: Drehungen im Ortsraum, Raum-Spiegelungen und Zeitumkehr sowie den Übergang zwischen Inertialsystemen, die sich mit konstanter Geschwindigkeit relativ zueinander bewegen.

Bei einer Translation im Raum oder in der Zeit ändert sich die Bedingung (6.63) nicht, da sie nur räumliche und zeitliche Abstände enthält.

> Die Gruppe der **homogenen** Lorentz-Transformationen können wir noch durch Translationen in Raum und Zeit ergänzen. Man erhält dann die 10-parametrige **Poincaré-Gruppe,** welche 3 Parameter für räumliche Drehungen, 3 Parameter für Lorentzboosts mit der Geschwindigkeit **v** und 4 Parameter für raum-zeitliche Translationen enthält. **Sie wird heute als die aller Physik zugrundeliegende Invarianz-Gruppe angesehen.**

6.3.2 Lorentz-Skalare, -Vektoren, -Tensoren

Analog dem Fall der Gruppe der Drehungen definieren wir nun Tensoren (verschiedener Stufen) bzgl. der Lorentzgruppe:

1.) **Lorentz-Skalar**

Wir nennen eine Größe Ψ einen **Lorentz-Skalar,** wenn Ψ sich unter Lorentz-Transformationen nicht ändert,

$$\Psi \to \Psi' = \Psi. \tag{6.78}$$

Ein Beispiel dafür ist die elektrische Ladung, das Massenquadrat M^2 oder der Raum-Zeit-Abstand s^2.

2.) **Lorentz-Vektor**

Wir definieren einen **Lorentz- oder Vierer-Vektor** dadurch, daß sich bei Lorentz-Transformationen seine Komponenten A_μ ($\mu = 0, 1, 2, 3$) wie die Komponenten x_μ transformieren

$$A_\mu \to A'_\mu = \sum_\nu a_{\mu\nu} A_\nu. \tag{6.79}$$

Beispiele

i) Die partiellen Ableitungen eines Lorentz-Skalars Ψ nach den x_μ bilden die Komponenten eines Vierer-Vektors, denn:

$$\frac{\partial \Psi'}{\partial x'_\mu} = \sum_\nu \frac{\partial \Psi}{\partial x_\nu} \frac{\partial x_\nu}{\partial x'_\mu} = \sum_\nu a_{\mu\nu} \frac{\partial \Psi}{\partial x_\nu}. \tag{6.80}$$

Dabei wurde die Umkehrformel zu (6.64) benutzt:

$$x_\nu = \sum_\rho a_{\rho\nu} x'_\rho = \sum_\rho a^T_{\nu\rho} x'_\rho. \tag{6.81}$$

ii) Die **4-Divergenz** eines Vierer-Vektors ist ein Vierer-Skalar:

$$\sum_\nu \frac{\partial A'_\nu}{\partial x'_\nu} = \sum_\nu \sum_{\mu,\mu'} a_{\nu\mu} a_{\nu\mu'} \frac{\partial A_\mu}{\partial x_{\mu'}} = \sum_\mu \frac{\partial A_\mu}{\partial x_\mu} \tag{6.82}$$

bei Beachtung von (6.66).

iii) Wählt man als Komponenten des Vierer-Vektors gemäß (6.79)

$$A_\mu = \frac{\partial \Psi}{\partial x_\mu}, \tag{6.83}$$

so folgt aus (6.82):

$$\sum_\nu \frac{\partial^2}{\partial x_\nu^2} \Psi = \sum_\nu \frac{\partial^2}{\partial x'^2_\nu} \Psi'. \tag{6.84}$$

Der Operator $\Box = \sum_\mu \partial^2/\partial x_\mu^2$ ist also invariant unter Lorentz-Transformationen. Daher transformiert sich für einen Vierer-Vektor mit den Komponenten A_μ die Größe

$$\sum_\nu \frac{\partial^2}{\partial x_\nu^2} A_\mu = \Box A_\mu \tag{6.85}$$

wie die μ-te Komponente eines Vierervektors.

iv) Das Skalarprodukt zweier Vierer-Vektoren ist ein Vierer-Skalar:

$$\sum_\mu A'_\mu B'_\mu = \sum_\mu \sum_{\nu,\rho} a_{\mu\rho} a_{\mu\nu} A_\rho B_\nu = \sum_\nu A_\nu B_\nu. \tag{6.86}$$

3.) **Lorentz-Tensoren 2. Stufe** Außer den Skalaren ($\equiv$ Tensoren 0. Stufe) und den Vektoren ($\equiv$ Tensoren 1. Stufe) werden wir noch auf Tensoren 2. Stufe treffen. Sie sind definiert als 4×4-Matrizen, deren Komponenten $F_{\mu\nu}$ die Transformationseigenschaft

$$F'_{\mu\nu} = \sum_{\lambda,\sigma} a_{\mu\lambda} a_{\nu\sigma} F_{\lambda\sigma} = \sum_{\lambda,\sigma} a_{\mu\lambda} F_{\lambda\sigma} a^T_{\sigma\nu} \tag{6.87}$$

besitzen.

6.3.3 Viererstromdichte

Als Beispiel für einen Vierer-Vektor untersuchen wir das Transformationsverhalten der **Quellen** $\vec{j}$ und ρ des elektromagnetischen Feldes. Als Ausgangspunkt dient die Ladungserhaltung:

$$\vec{\nabla} \cdot \vec{j} + \frac{\partial \rho}{\partial t} = 0. \tag{6.88}$$

Mit den Bezeichnungen

$$j_0 = ic\rho; \quad j_1 = j_x; \quad j_2 = j_y; \quad j_3 = j_z \tag{6.89}$$

können wir eine Kontinuitätsgleichung in Vierer-Notation schreiben als

$$\sum_\mu \frac{\partial}{\partial x_\mu} j_\mu = 0. \tag{6.90}$$

Wegen der Ladungsinvarianz muß (6.90) in jedem Inertialsystem gelten, denn (6.90) ist invariant unter Lorentz-Transformationen. Dann sind nach (6.82) j_μ die Komponenten eines Vierer-Vektors, der **Vierer-Stromdichte.**

6.4 Relativistische Dynamik

Die Newton'schen Bewegungsgleichungen sind invariant unter Galilei- Transformationen, nicht jedoch unter Lorentz-Transformationen (vgl. Abschn. 6.1). Das Relativitätsprinzip verlangt daher eine Modifikation der Newton'schen Gleichungen, und zwar derart, daß bei Geschwindigkeiten $v \ll c$ die Newton'schen Gleichungen gültig bleiben.

6.4.1 Impuls und Energie

Wir betrachten zunächst ein freies Teilchen. Seinen Newton'schen Impuls

$$\vec{p} = m_0 \frac{d\vec{r}}{dt} \tag{6.91}$$

erweitern wir zu einem Vierer-Impuls, dessen Komponenten gegeben sind durch

$$p_\mu = m_0 \frac{dx_\mu}{d\tau}, \tag{6.92}$$

wobei τ die Eigenzeit des Teilchens in seinem Ruhesystem ist, m_0 die Ruhemasse. Die Eigenzeit τ hängt mit der Zeit t im System Σ, auf das sich die Koordinaten x_μ beziehen, wie folgt zusammen:

$$t = \gamma \tau; \qquad \gamma = \left(1 - \frac{v^2}{c^2}\right)^{-1/2} = \gamma(v). \tag{6.93}$$

6.4 Relativistische Dynamik

Für $v \ll c$ wird $\gamma \to 1$ und die räumlichen Komponenten von (6.92) gehen in (6.91) über. Zur Deutung der **ad hoc** eingeführten 0. Komponente in (6.92),

$$p_0 = m_0 \frac{dx_0}{d\tau} = \frac{i}{c} m_0 \gamma c^2 \tag{6.94}$$

beachten wir, daß die p_μ einen Vierer-Vektor bilden, da m_0 und τ Invarianten sind. Die **Länge** eines Vierer-Vektors ist jedoch nach Abschn. 6.3 eine Lorentz-Invariante:

$$\sum_{\mu=0}^{3} p_\mu^2 = \text{const} = -m_0^2 c^2, \tag{6.95}$$

wobei man die rechte Seite von (6.95) wie folgt erhält: Für die räumlichen Komponenten ist

$$p^2 = \sum_{i=1}^{3} p_i^2 = m_0^2 \gamma^2 v^2, \tag{6.96}$$

wobei v der Betrag der Geschwindigkeit $\vec{v}$ des Teilchens ist. Weiter ist

$$p_0^2 = -m_0^2 \gamma^2 c^2, \tag{6.97}$$

so daß

$$\sum_{\mu=0}^{3} p_\mu^2 = m_0^2 c^2 (\gamma^2 \beta^2 - \gamma^2) = m_0^2 c^2 \gamma^2 (\beta^2 - 1) = -m_0^2 c^2. \tag{6.98}$$

Zur Deutung von p_0 entwickeln wir $\gamma(v)$ für $v \ll c$:

$$m_0 c^2 \gamma = m_0 c^2 \left(1 + \frac{\beta^2}{2} \cdots \right) = m_0 c^2 + \frac{1}{2} m_0 v^2 + \cdots \tag{6.99}$$

Da der 2. Term rechts gerade die nichtrelativistische (kinetische) Energie des Teilchens ist, liegt es nahe

$$\epsilon = m_0 \gamma(v) c^2 = m(v) c^2 \tag{6.100}$$

als Energie des freien Teilchens zu deuten, den Anteil

$$\epsilon_0 = m_0 c^2 \tag{6.101}$$

als seine **Ruhenergie.** Es ist dann

$$T = \epsilon - \epsilon_0 \tag{6.102}$$

seine relativistische kinetische Energie. Gl. (6.98) kann dann als relativistische Energie-Impuls-Beziehung geschrieben werden:

$$\epsilon^2 = c^2(p^2 + m_0^2 c^2) \tag{6.103}$$

und der Vierer-Vektor (6.92) hat die Komponenten

$$\left(\frac{i}{c}\epsilon, p_1, p_2, p_3\right). \tag{6.104}$$

Die in (6.100) behauptete **Äquivalenz von Energie und Masse** ist durch eine Vielfalt von Experimenten bestätigt worden. Wir geben hier einige repräsentative Beispiele:

1.) Bindungsenergien von Atomen und Kernen
Für das Deuteron entspricht die Massendifferenz

$$\Delta m = m_p + m_n - m_d \approx 3{,}5 \cdot 10^{-27} g \tag{6.105}$$

einer Energie

$$\epsilon_d = \Delta m \, c^2 \approx 2{,}2 \, \text{MeV}, \tag{6.106}$$

welche gerade die Bindungsenergie des Deuterons ist. In Atomen ist die Bindungsenergie um Größenordnungen geringer: aus

$$m_p + m_e - m_H \approx 2{,}4 \cdot 10^{-32} g \tag{6.107}$$

folgt für die Bindungsenergie

$$\epsilon_H \approx 13{,}5 \, \text{eV}. \tag{6.108}$$

2.) Energieerzeugung in Sternen
Eine der wesentlichen Reaktionen der Energieerzeugung in Sternen ist die **Verbrennung** von Wasserstoff (H) zu Helium (^4He). Dabei werden pro Elementarprozeß entsprechend der Massenbilanz

$$4m_p + 2m_e - m_{^4He} \approx 0{,}5 \cdot 10^{-25} g \tag{6.109}$$

etwa 25 MeV frei.

3.) Paar-Erzeugung und Vernichtung

Bei der Kollision von Elektronen mit Positronen können hochenergetische γ-Quanten entstehen,

$$e^+ + e^- \to 2\gamma, \tag{6.110}$$

wobei die Enrgie-Impuls-Bilanz das Auftreten von 2 γ-Quanten erfordert. Umgekehrt kann ein γ-Quant ($> 1{,}02\,\text{MeV} \approx 2m_e c^2$) in ein Elektron-Positron-Paar übergehen,

$$\gamma \to e^+ + e^-, \tag{6.111}$$

wenn ein weiteres Teilchen (z. B. ein Atomkern) für den Impulsausgleich sorgt.

Das Newton'sche Trägheitsgesetz, wonach

$$\vec{p} = \text{const} \tag{6.112}$$

für ein freies Teilchen gilt, verallgemeinern wir auf

$$p_\mu = \text{const}; \qquad \mu = 0, 1, 2, 3, \tag{6.113}$$

fordern also zugleich mit der Erhaltung der räumlichen Komponenten auch die Konstanz der 0. Komponente, der Energie ϵ.

Die Verallgemeinerung (6.113) von (6.112) folgt zwingend aus dem Transformationsverhalten der p_μ. Da sie die Komponenten eines Vierer-Vektors sind, gilt bei einer Lorentz-Transformation:

$$\epsilon = \gamma(v)(\epsilon' + v p'_x); \qquad p_x = \gamma(v)\left(p'_x + \frac{v}{c^2}\epsilon'\right); \qquad p_y = p'_y; \qquad p_z = p'_z. \tag{6.114}$$

Die Vermischung von Raum- und Zeit-Komponenten führt also dazu, daß Impuls- und Energie-Erhaltung nur simultan möglich sind.

Das **Ruhesystem** eines Teilchens (Σ') definieren wir durch:

$$\epsilon' = m_0 c^2; \qquad p'_x = p'_y = p'_z = 0, \tag{6.115}$$

dann gilt nach (6.114) in einem anderen Inertialsystem Σ:

$$\epsilon = \gamma(v)\epsilon' = m_0 \gamma c^2 = m(v)c^2; \quad p_x = \gamma(v)\frac{v}{c^2}\epsilon' = m(v)v; \quad p_y = p_z = 0. \tag{6.116}$$

Bemerkung
Für Teilchen mit $m_0 = 0$ (wie ein Photon) ist ein Ruhesystem nicht definierbar, da dann nach (6.115), (6.116) in jedem Inertialsystem $p_\mu = 0$, $\mu = 0, 1, 2, 3$ wäre und man nicht sinnvoll von einem **Teilchen** sprechen könnte.

6.4.2 Stoßprobleme

Zur relativistischen Beschreibung von Stoßprozessen definieren wir Energie und Impuls für N Teilchen:

$$\vec{P} = \sum_{i=1}^{N} \vec{p}_i; \quad \epsilon = \sum_{i=1}^{N} \epsilon_i, \tag{6.117}$$

wobei $\vec{p}_i$ die räumlichen Komponenten des relativen Impulses von Teilchen i, ϵ_i seine Energie gemäß (6.100) ist.

Wir betrachten nun den Stoß zweier Teilchen

$$1 + 2 \to 3 + 4, \tag{6.118}$$

wobei 1, 2 die Teilchen vor dem Stoß, 3, 4 nach dem Stoß bezeichnen möge. Da asymptotisch (vor und nach dem Stoß) freie Teilchen vorliegen, muß die Impulserhaltung gelten:

$$\vec{p}_1 + \vec{p}_2 - \vec{p}_3 - \vec{p}_4 = 0. \tag{6.119}$$

Wenn aber die 3 räumlichen Komponenten eines Vierer-Vektors verschwinden, so muß nach (6.114) auch die 0. Komponente verschwinden,

$$\epsilon_1 + \epsilon_2 - \epsilon_3 - \epsilon_4 = 0, \tag{6.120}$$

also Energieerhaltung gelten, damit die Aussage der Impulserhaltung in jedem Inertialsystem gilt. Energie- und Impulssatz können als Lorentz-invariante Aussagen nur simultan gelten!

6.4 Relativistische Dynamik

Abb. 6.4 Streuung eines Photons an einem ruhenden Elektron. Der Impuls des Elektrons nach dem Stoß ist $\vec{P}$ und der Streuwinkel des Photons ist θ

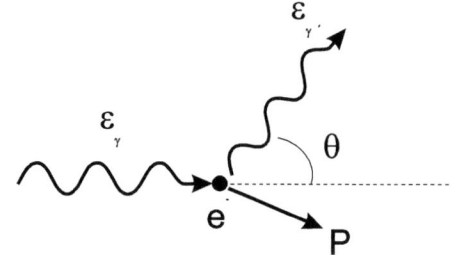

Beispiel: Compton-Effekt

Wir untersuchen die Streuung eines Photons an einem freien, anfangs ruhenden Elektron (siehe Abb. 6.4). Die Energie des Photons hängt mit der Frequenz der Lichtwelle zusammen gemäß

$$\epsilon_\gamma = \hbar\omega, \qquad (6.121)$$

wobei $\hbar \approx 197\,\text{MeV fm}/c$ die Planck'sche Konstante ist. Dann folgt für den Impulsbetrag nach (6.103)

$$p_\gamma = \frac{\epsilon_\gamma}{c} = \frac{\hbar\omega}{c} = \frac{2\pi\hbar}{\lambda} = \hbar k, \qquad (6.122)$$

da das Photon keine Ruhemasse hat.

Nach Energie- und Impulssatz gilt dann:

$$\vec{P} = \hbar(\vec{k} - \vec{k}') \qquad (6.123)$$

und

$$c\sqrt{P^2 + m_0^2 c^2} - m_0 c^2 = \hbar(\omega - \omega') \qquad (6.124)$$

für die kinetische Energie des Elektrons nach dem Stoß. Wir quadrieren beide Gleichungen

$$P^2 = \hbar^2(k^2 - 2kk'\cos\theta + k'^2), \qquad (6.125)$$

sowie

$$P^2 + m_0^2 c^2 = m_0^2 c^2 + \hbar^2(k - k')^2 + 2m_0 \hbar c(k - k'), \qquad (6.126)$$

und bilden die Differenz:

$$\left(\frac{1}{k'} - \frac{1}{k}\right) = \frac{\hbar}{m_0 c}(1 - \cos\theta). \tag{6.127}$$

Wir erhalten die Änderung der Wellenzahl des Lichts in Abhängigkeit von Streuwinkel θ. Die experimentelle Bestätigung von (6.127) ist eine wichtige Stütze für die Beschreibung einer Lichtwelle durch **Photonen,** masselose Teilchen, deren Energie und Impuls durch (6.121), (6.122) definiert sind.

6.4.3 Bewegungsgleichungen

In Verallgemeinerung der Newton'schen Kraft-Definition führen wir im Minkowski-Raum eine Vierer-Kraft ein durch ihre Komponenten:

$$\mathcal{F}_\mu = \frac{dp_\mu}{d\tau} = \gamma(v)\frac{dp_\mu}{dt}. \tag{6.128}$$

Dabei ist $d\tau$ im **momentanen** Ruhesystem des Teilchens als **differenzielle** Eigenzeit erklärt. Die Raum-Komponenten von (6.128) ergeben die relativistische Verallgemeinerung der Newton'schen Bewegungsgleichungen:

$$\frac{d\vec{p}}{dt} = \gamma^{-1}\vec{\mathcal{F}} = \vec{F}, \tag{6.129}$$

wobei $\vec{F}$ z. B. für die Lorentz-Kraft steht. Mit (6.96) können wir auch schreiben:

$$\frac{d}{dt}(m_0 \gamma(v)\vec{v}) = \vec{F}, \tag{6.130}$$

woraus für $v \ll c, \gamma \to 1$ gerade die nichtrelativistische Bewegungsgleichung entsteht:

$$m_0 \frac{d\vec{v}}{dt} = m_0 \vec{a} = \vec{F}. \tag{6.131}$$

6.4 Relativistische Dynamik

Gl. (6.130) hat zwei **Interpretationsmöglichkeiten:**

i) Man behält die nichtrelativistische Geschwindigkeit $\vec{v}$ bei und akzeptiert eine geschwindigkeitsabhängige Masse,

$$\frac{d}{dt}(m(v)\vec{v}) = \vec{F}, \tag{6.132}$$

mit

$$m(v) = \gamma(v)\, m_0, \tag{6.133}$$

oder

ii) man arbeitet stets mit der Ruhemasse m_0, einer Lorentz-invarianten Größe, und modifiziert die Definition der Geschwindigkeit:

$$m_0 \frac{d\vec{u}}{dt} = \vec{F} \tag{6.134}$$

mit der modifizierten Geschwindigkeit

$$\vec{u} = \gamma(v)\, \vec{v}. \tag{6.135}$$

Die Gl. (6.132) und (6.133) zeigen, daß Teilchen der Ruhemasse $m_0 \neq 0$ die Geschwindigkeit $v = c$ nicht erreichen können, da wegen

$$m(v) \to \infty \tag{6.136}$$

für $v \to c$ dazu eine ∞-große Energie nötig wäre.

Zur Diskussion der Komponente $\mathcal{F}_0$ benutzen wir:

$$\sum_\mu \mathcal{F}_\mu p_\mu = \frac{1}{2}\frac{d}{d\tau}\left(\sum_\mu p_\mu^2\right) = 0 \tag{6.137}$$

wegen (6.95), woraus

$$\sum_{i=1}^{3} \mathcal{F}_i p_i = -\mathcal{F}_0 p_0 \tag{6.138}$$

oder mit (6.92), (6.94)

$$\mathcal{F}_0 = \frac{i}{c}\vec{\mathcal{F}}\cdot\vec{v} = \frac{i}{c}\gamma(v)\,\vec{F}\cdot\vec{v}. \tag{6.139}$$

Da $\vec{F} \cdot \vec{v}$ die von der Kraft $\vec{F}$ am Teilchen pro Zeiteinheit geleistete Arbeit ist, können wir auch schreiben

$$\mathcal{F}_0 = \frac{i}{c} \gamma(v) \frac{d\epsilon}{dt} \qquad (6.140)$$

oder

$$F_0 = \gamma(v)^{-1} \mathcal{F}_0 = \frac{i}{c} \frac{d\epsilon}{dt} \qquad (6.141)$$

wie nach (6.104) zu erwarten war. Die Gl. (6.139) und (6.140) bestätigen noch einmal unsere Vorstellung von der **Äquivalenz von Energie und Masse**.

6.4.4 Lorentz-Transformation der Kraft

Da $\mathcal{F}_\mu$ die Komponenten eines Vierer-Vektors sind, gilt für die Transformation vom momentanen Ruhesystem Σ auf ein anderes Inertialsystem Σ' mit der speziellen Transformation (6.68):

$$\mathcal{F}'_1 = \gamma(v)(\mathcal{F}_1 + i\beta \mathcal{F}_0) = \gamma(v) \mathcal{F}_1; \qquad \mathcal{F}'_2 = \mathcal{F}_2; \qquad \mathcal{F}'_3 = \mathcal{F}_3, \qquad (6.142)$$

da in Σ als momentanem Ruhesystem $\mathcal{F}_0 = 0$ gemäß (6.139) ist. Kurz formuliert:

$$\vec{\mathcal{F}}'_\perp = \vec{\mathcal{F}}_\perp; \qquad \vec{\mathcal{F}}'_\parallel = \gamma(v)\, \vec{\mathcal{F}}_\parallel. \qquad (6.143)$$

Wegen (6.129) gilt dann umgekehrt

$$\vec{F}'_\perp = \sqrt{1 - v^2/c^2}\, \vec{F}_\perp; \qquad \vec{F}'_\parallel = \vec{F}_\parallel, \qquad (6.144)$$

da im momentanen Ruhesystem Σ gilt

$$\gamma(v) = \gamma(0) = 1. \qquad (6.145)$$

Ergebnis

Wir haben die Grundbegriffe und Grundgleichungen der Newton'schen Mechanik für die relativistische Mechanik erweitert derart, daß

6.4 Relativistische Dynamik

i) die Newton'sche Mechanik im Grenzfall $v \ll c$ enthalten ist,
ii) die modifizierten Grundgleichungen kovariant bzgl. Lorentz-Transformationen sind.

Zusammenfassend haben wir in diesem Kapitel Einsteins spezielle Relativitätstheorie eingeführt und die Galilei-Transformation zwischen Inertialsystemen in der Newton'schen Dynamik durch die Lorentz-Transformation ersetzt, welche die Lichtgeschwindigkeit c in allen Inertialsystemen invariant hält. Zu diesem Zweck haben wir die Lorentz-Transformation (in einer räumlichen Dimension) explizit hergeleitet und ihre Folgerungen diskutiert: Lorentz-Kontraktion, Zeitdilatation, Gleichzeitigkeit in bewegten Systemen sowie Kausalität und die Grenzgeschwindigkeit von Signalen. Einige mathematische Aspekte der Lorentz-Gruppe von Transformationen wurden aufgeführt, und Lorentz-Skalare, Vierervektoren und Lorentz-Tensoren sowie die entsprechenden physikalischen Größen wie Vierer-Impulse identifiziert. Weiterhin haben wir die relativistische Dynamik vorgestellt, indem wir den Energie-Impuls-Vierervektor eingeführt haben, der in allen vier Komponenten für abgeschlossene Systeme erhalten bleibt. Als Beispiel für Streuprobleme wurde die Compton-Streuung eines Photons an einer ruhenden Ladung e explizit berechnet. Die Herleitung der Lorentz-Transformation der Kraft hat dieses Kapitel abgeschlossen.

7 Formaler Aufbau der Mechanik

Inhaltsverzeichnis

- 7.1 Generalisierte Koordinaten 128
  - 7.1.1 Zwangsbedingungen 128
  - 7.1.2 Bewegungsgleichungen in generalisierten Koordinaten 129
  - 7.1.3 Konservative Kräfte 131
  - 7.1.4 Beispiele 132
  - 7.1.5 Geschwindigkeitsabhängige Kräfte 136
- 7.2 Das Hamilton'sche Variationsprinzip 137
  - 7.2.1 Variationsprinzip und Eulersche Gleichungen 137
  - 7.2.2 Kanonische Gleichungen 139
  - 7.2.3 Beispiele 142
- 7.3 Symmetrien und Erhaltungssätze 145
  - 7.3.1 Zyklische Variable 145
  - 7.3.2 Translationsinvarianz und Impulssatz 146
  - 7.3.3 Rotationsinvarianz und Drehimpulssatz 146
  - 7.3.4 Zeit-Translation und Energiesatz 147

Die Bewegungsgleichungen der Newton'schen Mechanik können auf verschiedene Arten geschrieben werden – je nach Wahl der Koordinaten – und grundsätzlich sind alle unabhängigen Wahlmöglichkeiten gleichberechtigt. Allerdings erleichtern manche Koordinaten die Lösung der Bewegungsgleichungen, während andere erhebliche Probleme verursachen können. Es ist daher von allgemeinem Interesse, optimale Koordinaten für die Beschreibung zu finden, was auch in der Praxis hilfreich ist, insbesondere wenn das System Zwängen unterliegt, die die Einführung von Zwangskräften erfordern, die oft schwer zu definieren sind. Es ist daher sinnvoll, verallgemeinerte Koordinaten zu definieren, die die Zwangsbedingungen erfüllen und gleichzeitig die Komplexität des Problems durch die Reduktion der Anzahl (linear unabhängiger) Freiheitsgrade verringern. Die Bewegungsgleichungen in verallgemeinerten Koordinaten werden dann aus den Newtonschen Bewegungsgleichungen abgeleitet. Es wird sich zeigen, daß diese Gleichungen auch durch ein Variationsprinzip erzeugt werden können, das eine Lagrange-Funktion L spezifiziert, die im Fall konservativer Kräfte durch die Differenz zwischen kinetischer und potentieller Energie gegeben ist. Eine wichtige Konsequenz ist, dass die Lagrange-Gleichungen der Bewegung auch in anderen Bereichen der Physik angewendet werden können. Verallgemeinerte Impulse werden durch die Ableitung der Lagrange-Funktion nach den verallgemeinerten Geschwindigkeiten definiert. Dementsprechend ist der verallgemeinerte Impuls eine Erhaltungsgröße, wenn die Lagrange-Funktion nicht von einer bestimmten Koordinate abhängt, z. B. dem Azimutalwinkel φ. Dies legt nahe, die Formulierung in Phasenraumvariablen zu transformieren, die durch die Koordinaten und ihre zugehörigen Impulse gegeben sind. Dies wird durch eine Legendre-Transformation durchgeführt, die die Hamilton-Funktion H definiert. Im Fall konservativer Kräfte liefert letztere gerade die Energie des Systems in den Phasenraumvariablen. Das Variationsprinzip kann somit im Sinne des (äquivalenten) Variationsprinzips von Hamilton umformuliert werden, das zu den kanonischen Bewegungsgleichungen führt. Letztere werden anhand einiger Beispiele veranschaulicht. Des Weiteren wird erneut gezeigt, dass – für ein abgeschlossenes System – die Translationsinvarianz zur Erhaltung des Gesamtimpulses führt, die Rotationsinvarianz zur Erhaltung des Gesamtdrehimpulses und die Invarianz bezüglich Zeittranslationen zur Erhaltung der Gesamtenergie.

7.1 Generalisierte Koordinaten

7.1.1 Zwangsbedingungen

Ausgangspunkt der Newton'schen Mechanik sind die Bewegungsgleichungen der Teilchen in kartesischen Koordinaten:

$$m_i \ddot{\vec{r}}_i = \vec{F}_i \quad ; \quad i = 1, 2, \ldots, N \, . \tag{7.1}$$

Schwierigkeiten ergeben sich, wenn die Bewegung des Systems **Zwangsbedingungen** unterworfen ist:

1. Die Koordinaten $\vec{r}_i$ sind dann abhängig.
2. Damit das System bestimmte Zwangsbedingungen einhält, muß man **Zwangskräfte** einführen, welche nicht explizit vorgegeben sind, sondern erst aus der gesuchten Lösung bestimmt werden.

Klassifikation von Zwangsbedingungen:

1. **Holonome** Bedingungen:
   (a) **Skleronome** Bedingungen :
   - Starrer Körper
   $$(\vec{r}_i - \vec{r}_j)^2 - c_{ij}^2 = 0 \quad ; \quad i, j = 1, 2, \ldots, N . \tag{7.2}$$
   - Kugelpendel der Länge l
   $$x^2 + y^2 + z^2 - l^2 = 0 \tag{7.3}$$
   (b) **Rheonome** Bedingungen
   $$f(\vec{r}_1, \ldots \vec{r}_N, t) = 0 \tag{7.4}$$
   enthalten eine explizite Zeitabhängigkeit.
   Beispiel Perle auf einem geraden rotierenden Draht (s. u.)
2. **Nichtholonome** Bedingungen erfordern explizit die Lösung der Bewegungsgleichungen!
   Beispiel Gasmoleküle in einem sphärischen Behälter, $r_i \leq R$.

Für holonome Bedingungen können wir das Problem lösen, indem wir **generalisierte Koordinaten** q_j so einführen, daß für

$$\vec{r}_i = \vec{r}_i(q_1, \ldots, q_s, t) \tag{7.5}$$

die m Zwangsbedingungen

$$f_r(\vec{r}_1, \ldots, \vec{r}_N, t) = 0 \quad ; \quad r = 1, 2, \ldots, m \tag{7.6}$$

identisch in den neuen Variablen q_j sowie t erfüllt sind. Die Variablen q_j sind unabhängig voneinander; wenn m Zwangsbedingungen vorgegeben sind, so hat man bei N Teilchen

$$s = 3N - m \leq 3N \tag{7.7}$$

generalisierte Koordinaten q_j.

7.1.2 Bewegungsgleichungen in generalisierten Koordinaten

Ausgehend von den Newton'schen Bewegungsgleichungen bilden wir die folgenden ($3N - m$) Differentialgleichungen (mit $\vec{r}_i = \vec{r}_i(q_l)$):

$$\sum_i m_i \ddot{\vec{r}}_i \cdot \frac{\partial \vec{r}_i}{\partial q_l} = \sum_i \vec{F}_i \cdot \frac{\partial \vec{r}_i}{\partial q_l} = Q_l \ . \tag{7.8}$$

Die linke Seite schreiben wir als:

$$m_i \ddot{\vec{r}}_i \cdot \frac{\partial \vec{r}_i}{\partial q_l} = \frac{d}{dt}\left(m_i \dot{\vec{r}}_i \cdot \frac{\partial \vec{r}_i}{\partial q_l}\right) - m_i \dot{\vec{r}}_i \cdot \frac{d}{dt}\left(\frac{\partial \vec{r}_i}{\partial q_l}\right), \tag{7.9}$$

dabei ist

$$m_i \dot{\vec{r}}_i \cdot \frac{\partial \vec{r}_i}{\partial q_l} = m_i \vec{v}_i \cdot \frac{\partial \vec{v}_i}{\partial \dot{q}_l} = \frac{\partial}{\partial \dot{q}_l}\left(\frac{1}{2} m_i v_i^2\right) = \frac{\partial}{\partial \dot{q}_l} T_i \ , \tag{7.10}$$

denn

$$\frac{\partial}{\partial \dot{q}_l} \vec{v}_i = \frac{\partial}{\partial \dot{q}_l} \dot{\vec{r}}_i = \frac{\partial}{\partial \dot{q}_l}\left[\sum_j \frac{\partial \vec{r}_i}{\partial q_j} \dot{q}_j + \frac{\partial \vec{r}_i}{\partial t}\right] = \frac{\partial \vec{r}_i}{\partial q_l} \ , \tag{7.11}$$

da $\partial \vec{r}_i / \partial q_j$ und $\partial \vec{r}_i / \partial t$ nicht von $\dot{q}_j$ abhängen. Mit

$$\frac{d}{dt}\left(\frac{\partial \vec{r}_i}{\partial q_l}\right) = \sum_j \frac{\partial^2 \vec{r}_i}{\partial q_j \cdot \partial q_l} \dot{q}_j + \frac{\partial^2 \vec{r}_i}{\partial q_l \cdot \partial t} = \frac{\partial}{\partial q_l}\left(\sum_j \frac{\partial \vec{r}_i}{\partial q_j} \dot{q}_j + \frac{\partial \vec{r}_i}{\partial t}\right) = \frac{\partial}{\partial q_l} \vec{v}_i \tag{7.12}$$

folgt für den 2. Term auf der rechten Seite von (7.9):

$$m_i \vec{v}_i \cdot \frac{d}{dt}\left(\frac{\partial \vec{r}_i}{\partial q_l}\right) = m_i \vec{v}_i \cdot \frac{\partial}{\partial q_l} \vec{v}_i = \frac{\partial}{\partial q_l}\left(\frac{1}{2} m_i v_i^2\right) = \frac{\partial}{\partial q_l} T_i. \tag{7.13}$$

Mit der kinetischen Energie

$$T = \sum_i T_i = \frac{1}{2} \sum_i m_i v_i^2 = T(q_j, \dot{q}_j, t). \tag{7.14}$$

folgt nach Summation über alle Teilchen i:

$$\frac{d}{dt}\left(\frac{\partial T}{\partial \dot{q}_l}\right) - \frac{\partial}{\partial q_l} T = Q_l \ . \tag{7.15}$$

Zur Interpretation der Größen Q_l genügt es, den Fall zu betrachten, daß die Zeit t nicht explizit auftritt. Dann ergibt sich bei infinitesimalen Verschiebungen $d\vec{r}_i$ der Teilchen, welche die Zwangsbedingungen einhalten, für die von den Kräften $\vec{F}_i$ geleistete Arbeit:

7.1 Generalisierte Koordinaten

$$dW = \sum_i \vec{F}_i \cdot d\vec{r}_i = \sum_i \sum_l \vec{F}_i \cdot \frac{\partial \vec{r}_i}{\partial q_l} dq_l = \sum_l Q_l dq_l \ . \qquad (7.16)$$

Dies legt nahe, die Größen Q_l als **generalisierte Kräfte** zu bezeichnen. Da die Verschiebungen dq_l so eingeführt waren, daß die Zwangsbedingungen automatisch eingehalten werden, können Zwangskräfte keinen Beitrag geben, da sie ja nur zur Einhaltung der Zwangsbedingungen dienen. Das bedeutet, daß sich Zwangskräfte bei der Berechnung der Q_l aus den $\vec{F}_i$ (die zusätzlich die Zwangskräfte enthalten) herausheben.

7.1.3 Konservative Kräfte

Wir betrachten den Fall, daß eine Funktion $U = U(q_j) \neq U(\dot{q}_j)$ so existiert, daß

$$Q_l = -\frac{\partial U}{\partial q_l} \qquad (7.17)$$

gilt. Definiert man dann als **Lagrange-Funktion** des Systems

$$L = T - U, \qquad (7.18)$$

so erhalten wir aus (7.15) die **Lagrange-Gl. 2. Art**

$$\frac{d}{dt}\left(\frac{\partial L}{\partial \dot{q}_l}\right) = \frac{\partial L}{\partial q_l} \ . \qquad (7.19)$$

In Analogie zu den Newton'schen Gleichungen definiert

$$p_l = \frac{\partial L}{\partial \dot{q}_l} \qquad (7.20)$$

einen **generalisierten Impuls**. Dann hat (für $T = T(\dot{q}_i)$)

$$\frac{d}{dt}p_l = \dot{p}_l = \frac{\partial L}{\partial q_l} = -\frac{\partial U}{\partial q_l} = Q_l \qquad (7.21)$$

die Form einer Newton'schen Bewegungsgleichung.

7.1.4 Beispiele

1. **Teilchen ohne Zwangsbedingungen:** In diesem Fall sind die generalisierten Koordinaten $q_l = (x, y, z)$; wir bilden

$$T = \frac{m}{2}(\dot{x}^2 + \dot{y}^2 + \dot{z}^2) \;, \qquad (7.22)$$

also wird

$$\frac{\partial T}{\partial x} = \frac{\partial T}{\partial y} = \frac{\partial T}{\partial z} = 0 \; ; \quad \frac{\partial T}{\partial \dot{x}} = m\dot{x}; \quad \frac{\partial T}{\partial \dot{y}} = m\dot{y}; \quad \frac{\partial T}{\partial \dot{z}} = m\dot{z}. \qquad (7.23)$$

Mit

$$Q_x = F_x \qquad (7.24)$$

wird

$$\frac{d}{dt}\left(\frac{\partial T}{\partial \dot{x}}\right) = m\ddot{x} = F_x = Q_x \qquad (7.25)$$

etc., für y, z, womit wir die Newton'schen Bewegungsgleichungen erhalten.

2. **Bewegung eines Teilchens in der Ebene** Wir verwenden zweckmäßigerweise Polarkoordinaten (siehe Abb. 7.1), d. h.

$$x = r\cos\varphi \; ; \quad y = r\sin\varphi. \qquad (7.26)$$

Dann gilt für die Geschwindigkeiten:

$$\dot{x} = \dot{r}\frac{\partial x}{\partial r} + \dot{\varphi}\frac{\partial x}{\partial \varphi} = \dot{r}\cos\varphi - r\dot{\varphi}\sin\varphi \; ; \quad \dot{y} = \dot{r}\sin\varphi + r\dot{\varphi}\cos\varphi \;. \qquad (7.27)$$

Die kinetische Energie lautet somit:

$$T = \frac{m}{2}(\dot{x}^2 + \dot{y}^2) = \frac{m}{2}(\dot{r}^2 + r^2\dot{\varphi}^2) \qquad (7.28)$$

und

$$\frac{\partial T}{\partial r} = mr\dot{\varphi}^2 \; ; \quad \frac{\partial T}{\partial \varphi} = 0 \qquad (7.29)$$

$$\frac{\partial T}{\partial \dot{r}} = m\dot{r} \; ; \quad \frac{\partial T}{\partial \dot{\varphi}} = mr^2\dot{\varphi} \qquad (7.30)$$

7.1 Generalisierte Koordinaten

Abb. 7.1 Wahl der Koordinaten für eine Bewegung in der Ebene

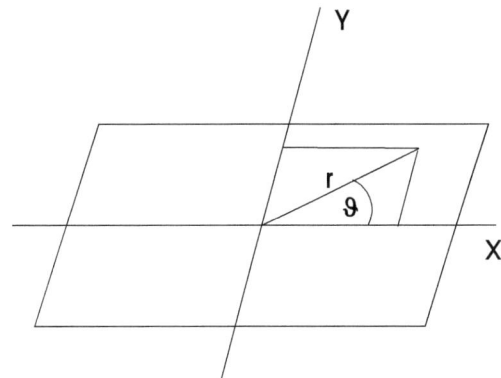

Für die Kräfte erhalten wir

$$Q_r = \vec{F} \cdot \frac{\partial \vec{r}}{\partial r} = \vec{F} \cdot \frac{\vec{r}}{r} = \vec{F} \cdot \vec{e}_r = F_r \tag{7.31}$$

$$Q_\varphi = \vec{F} \cdot \frac{\partial \vec{r}}{\partial \varphi} = r\vec{F} \cdot \vec{e}_\varphi = rF_\varphi \; . \tag{7.32}$$

Die Lagrange-Gleichungen lauten also:

$$m\ddot{r} - mr\dot{\varphi}^2 = F_r \; ; \quad \frac{d}{dt}(mr^2\dot{\varphi}) = rF_\varphi \; . \tag{7.33}$$

In der rechten Gleichung ist $mr^2\dot{\varphi}$ der **Drehimpuls,** dessen zeitliche Änderung durch das **Drehmoment** $rF_\varphi = Q_\varphi$ gegeben ist, welches die Rolle einer generalisierten Kraft spielt.
Speziell Für das ebene Pendel (siehe Abb. 7.2) haben wir die Zwangsbedingung:

$$r - l = 0 \; , \tag{7.34}$$

wenn l die konstante Pendellänge ist. Dann reduziert sich T auf

$$T = \frac{ml^2}{2}\dot{\varphi}^2 \; ; \quad \frac{\partial T}{\partial \dot{\varphi}} = ml^2\dot{\varphi} \; . \tag{7.35}$$

Die Lagrange-Gleichungen mit $U(\varphi) = mgl(1 - \cos\varphi)$ vereinfachen sich zu

$$ml\ddot{\varphi} = F_\varphi = -mg\sin\varphi, \tag{7.36}$$

Abb. 7.2 Ebenes Pendel der Länge l

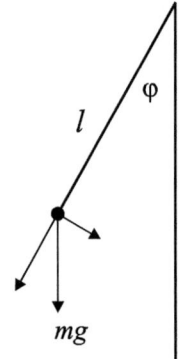

beziehungsweise

$$\ddot{\varphi} + \omega_0^2 \sin \varphi = 0 \text{ mit } \omega_0^2 = \frac{g}{l} \quad . \tag{7.37}$$

Für kleine Auslenkungen gilt: $\sin \varphi \approx \varphi$ und damit

$$\ddot{\varphi} + \omega_0^2 \varphi = 0. \tag{7.38}$$

3. **Atwood'sche Fallmaschine**
   Die Zwangsbedingung (Abb. 7.3)

$$x_1 + x_2 = l = x + (l - x) \tag{7.39}$$

ist in der Koordinate $q = x$ identisch erfüllt. Dann ist die kinetische Energie:

$$T = \frac{1}{2}(m_1 + m_2)\dot{x}^2 \quad , \tag{7.40}$$

Abb. 7.3 Illustration der Atwood'schen Fallmaschine mit einem Seil der Länge l

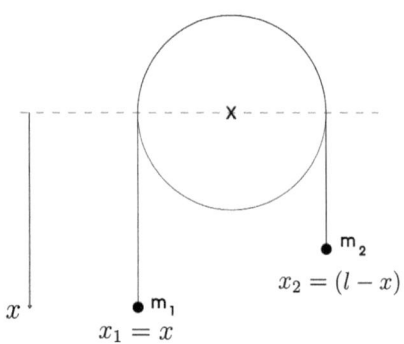

und die potentielle Energie:

$$U = -m_1 g x - m_2 g (l - x) \ . \tag{7.41}$$

Also ist

$$L = \frac{m_1 + m_2}{2} \dot{x}^2 + m_1 g x + m_2 g (l - x) \ . \tag{7.42}$$

Damit wird

$$\frac{d}{dt}\left(\frac{\partial L}{\partial \dot{x}}\right) = (m_1 + m_2)\ddot{x} \ , \tag{7.43}$$

und wir erhalten:

$$(m_1 + m_2)\ddot{x} = (m_1 - m_2) g \ . \tag{7.44}$$

4. **Perle auf rotierendem Draht:**
   Aus (siehe Abb. 7.4)

$$x = r\cos(\omega t) \ ; \quad y = r\sin(\omega t) \tag{7.45}$$

folgt nach (7.28)

$$T = \frac{m}{2}(\dot{r}^2 + r^2 \omega^2) \ . \tag{7.46}$$

Die Bewegungsgleichungen für den kräftefreien Fall $L = T$ lauten dann

$$m\ddot{r} - m r \omega^2 = 0 \tag{7.47}$$

mit $mr\omega^2$ als der bekannten **Zentrifugalkraft**.

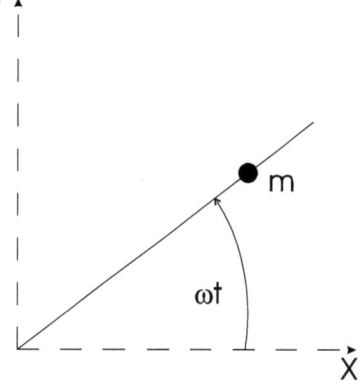

Abb. 7.4 Perle auf einem rotierenden Draht

7.1.5 Geschwindigkeitsabhängige Kräfte

Für geschwindigkeitsabhängige Kräfte gilt die Lagrange–Gl. 2. Art, wenn eine Funktion $U(q_i, \dot{q}_i, t)$ existiert, so daß:

$$Q_l = -\frac{\partial U}{\partial q_l} + \frac{d}{dt}\left(\frac{\partial U}{\partial \dot{q}_l}\right) \quad . \tag{7.48}$$

Ein wichtiges Beispiel für eine derartige geschwindigkeitsabhängige Kraft ist die **Lorentz–Kraft**, die sich aus

$$U(\vec{r}, \vec{v}, t) = e(\phi(\vec{r}, t) - \vec{v} \cdot \vec{A}(\vec{r}, t)) \tag{7.49}$$

für ein Teilchen der Ladung e mit der Geschwindigkeit $\vec{v}$ herleiten läßt. Dazu bildet man (in kartesischen Koordinaten $q_l = (x, y, z)$):

$$F_x = e(-\text{grad}\phi - \frac{\partial \vec{A}}{\partial t} + (\vec{v} \times \text{rot}\vec{A}))_x \quad ,$$

$$F_y = e(-\text{grad}\phi - \frac{\partial \vec{A}}{\partial t} + (\vec{v} \times \text{rot}\vec{A}))_y \quad ,$$

$$F_z = e(-\text{grad}\phi - \frac{\partial \vec{A}}{\partial t} + (\vec{v} \times \text{rot}\vec{A}))_z \quad , \tag{7.50}$$

unter Verwendung von

$$\frac{dA_x}{dt} = \frac{\partial A_x}{\partial x}v_x + \frac{\partial A_x}{\partial y}v_y + \frac{\partial A_x}{\partial z}v_z + \frac{\partial A_x}{\partial t} \quad . \tag{7.51}$$

Wichtiger Hinweis: Bei einer **Eichtransformation**

$$\vec{A} \to \vec{A} + \text{grad}\chi \; ; \; \phi \to \phi - \frac{\partial \chi}{\partial t} , \tag{7.52}$$

wobei die Funktion $\chi = \chi(\vec{r}, t)$ beliebig, aber stetig differenzierbar in allen Variablen ist, wird

$$U \to U - e\left(\vec{v} \cdot \text{grad}\chi + \frac{\partial \chi}{\partial t}\right) = U - e\frac{d\chi}{dt} . \tag{7.53}$$

7.2 Das Hamilton'sche Variationsprinzip

Die Bewegungsgleichungen ändern sich dann unter einer Eichtransformation

$$L \to L' = L + \frac{dg}{dt} \tag{7.54}$$

mit einer beliebigen 2× stetig differenzierbaren Funktion $g = g(q_l, t)$ **nicht**. Wegen

$$\frac{dg}{dt} = \sum_j \frac{\partial g}{\partial q_j} \dot{q}_j + \frac{\partial g}{\partial t} \tag{7.55}$$

wird

$$\frac{d}{dt}\left(\frac{\partial}{\partial \dot{q}_l}\left(\frac{dg}{dt}\right)\right) = \frac{d}{dt}\left(\frac{\partial g}{\partial q_l}\right) , \tag{7.56}$$

so daß sich der Zusatzterm (7.56) in der Lagrange-Gleichung

$$\frac{d}{dt}\left(\frac{\partial g}{\partial q_l}\right) \tag{7.57}$$

gegen den Zusatzterm in der partiellen Ableitung nach q_l

$$\frac{\partial}{\partial q_l}\left(\frac{dg}{dt}\right) \tag{7.58}$$

wieder weghebt, da 2× stetige Differenzierbarkeit vorausgesetzt war.

Die Invarianz der Bewegungsgleichungen unter der Transformation (7.54) beinhaltet, daß die Lagrangefunktion L selbst nicht eindeutig bestimmt ist.

Diese Eigenschaft werden wir später in der **Feldtheorie** ausnutzen, um wiederum die Lorentzkraft selbst aus ‚einfachen Betrachtungen' herzuleiten.

7.2 Das Hamilton'sche Variationsprinzip

7.2.1 Variationsprinzip und Eulersche Gleichungen

Ein System von N Teilchen mit m holonomen Zwangsbedingungen werde durch generalisierte Koordinaten q_i beschrieben. Die Werte der Koordinaten zu einem festen Zeitpunkt t bestimmen dann einen **Punkt** in dem von den Koordinaten q_i aufgespannten **Konfigurationsraum** mit der Dimension $s = 3N - m$. Die zeitliche Entwicklung des Systems entspricht also einer **Bahn im Konfigurationsraum** mit der Zeit t als Bahnparameter.

Die vom System durchlaufene (**tatsächliche**) Bahn ist Lösung der s Lagrange-Gleichungen (7.19). Sie ist eindeutig bestimmt, wenn zur Festlegung der $2s$ Integrationskonstanten

1. zu einem Zeitpunkt t außer den $q_i(t_1)$ noch die generalisierten Geschwindigkeiten $\dot{q}_i(t_1)$ bekannt sind, **oder**
2. die **Bahnpunkte** $q_i(t_1)$ und $q_i(t_2)$ zu verschiedenen Zeiten $t_1 \neq t_2$ gegeben sind.

Im letzteren Fall kann man die tatsächliche Bahn gegenüber Nachbarbahnen, welche ebenfalls durch die Punkte $q_i(t_1)$ und $q_i(t_2)$ gehen, auch dadurch charakterisieren, daß bei gegebener Lagrange–Funktion $L(q_i, \dot{q}_i, t)$ das Funktional der Wirkung

$$S[q_i, \dot{q}_i] = \int_{t_1}^{t_2} L(q_i, \dot{q}_i, t)dt \qquad (7.59)$$

ein Extremum besitzt für die tatsächliche Bahn, d.h.

$$\delta S[q_i, \dot{q}_i] = 0. \qquad (7.60)$$

Um das Variationsprinzip (7.60) näher zu erläutern betrachten wir irgendeine Nachbarbahn zur tatsächlichen Bahn $q_i(t)$,

$$q'_i(t) = q_i(t) + \varepsilon \eta_i(t), \qquad (7.61)$$

mit der Eigenschaft, daß $q'_i(t)$ mit der Bahn $q_i(t)$ zu den Zeiten t_1 und t_2 übereinstimmt (siehe Abb. 7.5), d.h.:

$$\eta_i(t_1) = \eta_i(t_2) = 0. \qquad (7.62)$$

Abb. 7.5 Illustration einer tatsächlichen Bahn und einer Nachbarbahn, die beide durch dieselben Punkte zu den Zeiten t_1 und t_2 laufen

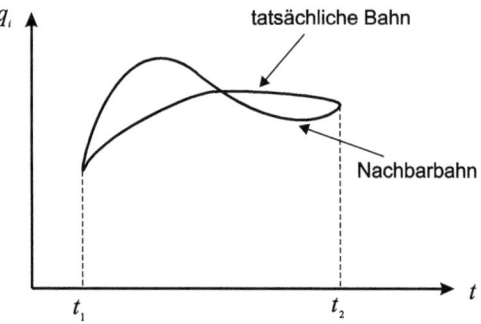

7.2 Das Hamilton'sche Variationsprinzip

Dann muß für

$$\tilde{S}(\varepsilon) = \int_{t_1}^{t_2} L(q_i + \varepsilon\eta_i, \dot{q}_i + \varepsilon\dot{\eta}_i, t)\, dt \tag{7.63}$$

nach (7.60) gelten:

$$\left(\frac{\partial \tilde{S}}{\partial \varepsilon}\right)_{\varepsilon=0} = 0. \tag{7.64}$$

Explizit bedeutet dieses:

$$\int_{t_1}^{t_2} \sum_i \left\{\frac{\partial L}{\partial q_i}\eta_i + \frac{\partial L}{\partial \dot{q}_i}\dot{\eta}_i\right\} dt = 0. \tag{7.65}$$

Nach partieller Integration in der Zeit für den 2. Term

$$\int_{t_1}^{t_2} \frac{\partial L}{\partial \dot{q}_i}\dot{\eta}_i\, dt = \left[\frac{\partial L}{\partial \dot{q}_i}\eta_i\right]_{t_1}^{t_2} - \int_{t_1}^{t_2} \frac{d}{dt}\left(\frac{\partial L}{\partial \dot{q}_i}\right)\eta_i\, dt \tag{7.66}$$

folgt, da der ausintegrierte Term [...] nach Voraussetzung (7.62) verschwindet, daß (7.65) übergeht in

$$\int_{t_1}^{t_2} \sum_i \left\{\frac{\partial L}{\partial q_i} - \frac{d}{dt}\left(\frac{\partial L}{\partial \dot{q}_i}\right)\right\} \eta_i\, dt = 0. \tag{7.67}$$

Da die $\eta_i(t)$ linear unabhängig und in $t_1 < t < t_2$ beliebig sind, folgen als **Euler'sche Gleichung** des Variationsprinzips gerade die Lagrange–Gleichungen

$$\frac{d}{dt}\left(\frac{\partial L}{\partial \dot{q}_i}\right) - \frac{\partial L}{\partial q_i} = 0. \tag{7.68}$$

Bemerkung Das Variationsprinzip der Wirkung bietet nicht nur eine elegante, den Bewegungsgleichungen äquivalente Formulierung der klassischen, nichtrelativistischen Mechanik, sondern kann auch auf andere Gebiete der Physik, wie z. B. elastische Medien, Elektrodynamik, Feldtheorie der Elementarteilchen, ausgedehnt werden.

7.2.2 Kanonische Gleichungen

Für den Übergang von der klassischen Mechanik zur **Quantenmechanik** und zur **statistischen Mechanik** wird es sich als zweckmäßig erweisen, von den Variablen $\{q_i, \dot{q}_i\}$ überzugehen zu dem gleichwertigen Satz von Variablen $\{q_i, p_i\}$. Wir wollen im Folgenden anstelle der in $q_i, \dot{q}_i$ formulierten Bewegungsgleichungen (7.68) äquivalente Gleichungen (**kanonische Gleichungen**) in den q_i, p_i aufzustellen. Dabei wird anstelle der Lagrange–Funktion $L = L(q_i, \dot{q}_i, t)$ eine neue Funktion $H = H(q_i, p_i, t)$, die **Hamilton-Funktion** des Systems eingeführt.

Der Übergang in den Variablen

$$\{q_i, \dot{q}_i, t\} \to \{q_i, p_i, t\} \tag{7.69}$$

sowie

$$L(q_i, \dot{q}_i, t) \to H(q_i, p_i, t) = ? \tag{7.70}$$

wird durch eine **Legendre–Transformation** vermittelt.

Zur Erläuterung der Legendre-Transformationen betrachten wir zunächst – als ein einfaches Beispiel – eine Funktion $f(x, y)$ der unabhängigen Variablen x, y. Dann kann das totale Differential von f geschrieben werden als:

$$df = v\,dx + u\,dy \tag{7.71}$$

mit

$$v = \frac{\partial f}{\partial x} \quad u = \frac{\partial f}{\partial y}, \tag{7.72}$$

wobei $v(x, y)$ und $u(x, y)$ durch

$$\frac{\partial v}{\partial y} = \frac{\partial^2 f}{\partial y \partial x} = \frac{\partial u}{\partial x} \tag{7.73}$$

verknüpft sind, wenn f als $2\times$ stetig differenzierbar vorausgesetzt wird. Vollzieht man nun die Transformation

$$\{x, y\} \to \{x, u\}, \tag{7.74}$$

so kann

$$uy - f(x, y) = g(x, u) \tag{7.75}$$

als Funktion der unabhängigen Variablen (x, u) allein dargestellt werden.

Beweis Für das totale Differential von g, das nach (7.75) zunächst eine Funktion von x, y, u ist, ergibt sich:

$$dg = u\,dy + y\,du - df = u\,dy + y\,du - v\,dx - u\,dy = -v\,dx + y\,du = \frac{\partial g}{\partial x}dx + \frac{\partial g}{\partial u}du, \tag{7.76}$$

d. h. die Funktion g hängt nur von x und $u = \partial f/\partial y$ und nicht mehr von y ab (q. e. d.). Nach Koeffizientenvergleich folgt:

$$v = -\frac{\partial g}{\partial x} = \frac{\partial f}{\partial x}, \quad y = \frac{\partial g}{\partial u}. \tag{7.77}$$

7.2 Das Hamilton'sche Variationsprinzip

Analog führen wir nun die **Hamilton-Funktion** H ein:

$$H(q_i, p_i, t) = \sum_i \dot{q}_i p_i - L(q_i, \dot{q}_i, t). \tag{7.78}$$

Bildet man das totale Differential von H nach der Definition (7.78),

$$dH = \sum_i \left\{ \dot{q}_i dp_i + p_i d\dot{q}_i - \frac{\partial L}{\partial q_i} dq_i - \frac{\partial L}{\partial \dot{q}_i} d\dot{q}_i \right\} - \frac{\partial L}{\partial t} dt, \tag{7.79}$$

so folgt mit der Definition von

$$p_i = \frac{\partial L}{\partial \dot{q}_i} \tag{7.80}$$

für das totale Differential von H:

$$dH = \sum_i \dot{q}_i dp_i - \sum_i \frac{\partial L}{\partial q_i} dq_i - \frac{\partial L}{\partial t} dt. \tag{7.81}$$

Der Vergleich mit

$$dH = \sum_i \frac{\partial H}{\partial q_i} dq_i + \sum_i \frac{\partial H}{\partial p_i} dp_i + \frac{\partial H}{\partial t} dt \tag{7.82}$$

zeigt, daß (unter Ausnutzung der Lagrange-Gleichung):

$$\dot{q}_i = \frac{\partial H}{\partial p_i} \quad ; \quad \dot{p}_i = -\frac{\partial H}{\partial q_i} \tag{7.83}$$

und

$$\frac{\partial H}{\partial t} = -\frac{\partial L}{\partial t}. \tag{7.84}$$

Die $2s$ Differentialgleichungen 1. Ordnung (7.83), die als **kanonische Differentialgleichungen** bezeichnet werden, treten an die Stelle der s Differentialgleichungen 2. Ordnung (7.68).

Der Zustand des Systems zur Zeit t wird jetzt repräsentiert durch einen **Punkt** in dem von den unabhängigen Variablen (q_i, p_i) aufgespannten **Phasenraum** mit der Dimension $2s$. Während es durch jeden Punkt im Konfigurationsraum eine s-fach unendliche Mannigfaltigkeit von Bahnen gibt, die sich durch die generalisierten Geschwindigkeiten unterscheiden, gibt es durch einen Punkt im Phasenraum bei vorgegebenen Kräften nur genau eine **Trajektorie**, da die Werte von q_i und p_i zu einem festen Zeitpunkt die zeitliche Entwicklung des Systems eindeutig festlegen.

Bemerkung Die kanonischen Gl. (7.83) lassen sich auch aus dem Hamilton'schen Variationsprinzip ableiten, d. h.:

$$\int_{t_1}^{t_2} \left\{ \sum_i p_i \dot{q}_i - H(q_i, p_i, t) \right\} dt = \text{Extremum}. \tag{7.85}$$

Gl. (7.85) ist äquivalent zu (7.60), da (7.85) aus (7.60) unter Verwendung von (7.78) entsteht. Die Variationen von q_i und p_i sind dabei als voneinander unabhängig zu betrachten.

7.2.3 Beispiele

1.) Für den **eindimensionalen harmonischen Oszilator** ist

$$L = \frac{1}{2}mv^2 - \frac{D}{2}x^2, \qquad p = \frac{\partial L}{\partial v} = m\dot{q} = mv, \tag{7.86}$$

also:

$$H = \dot{q}p - L = 2T - T + U = T + U = \frac{1}{2m}(p^2 + \omega_0^2 m^2 x^2) \tag{7.87}$$

mit $\omega_0^2 = D/m$. Die kanonischen Differentialgleichungen lauten dann:

$$\dot{q}_i = \dot{x} = \frac{\partial H}{\partial p} = \frac{p}{m} = v \tag{7.88}$$

und

$$\dot{p} = -\frac{\partial H}{\partial x} = -Dx, \tag{7.89}$$

oder zusammen (mit $\omega_0^2 = D/m$):

$$\ddot{x} + \omega_0^2 x = 0. \tag{7.90}$$

2.) Für ein **Teilchen im elektromagnetischen Feld** mit Ladung e ist

$$L = T - e\Phi + e\vec{v} \cdot \vec{A} \tag{7.91}$$

mit einem skalaren Potential Φ und einem Vektorpotential $\vec{A}$. Es folgt:

$$p_x = \frac{\partial L}{\partial v_x} = mv_x + eA_x, \; p_y = \frac{\partial L}{\partial v_y} = mv_y + eA_y, \; p_z = \frac{\partial L}{\partial v_z} = mv_z + eA_z. \tag{7.92}$$

Dann wird mit $m\vec{v} = \vec{p} - e\vec{A}$

$$H = \dot{\vec{r}} \cdot \vec{p} - L = \vec{v} \cdot \vec{p} - T + e\Phi - e\vec{v} \cdot \vec{A}$$

$$= \vec{v} \cdot (m\vec{v} + e\vec{A}) - T + e\phi - e\vec{v} \cdot \vec{A}$$

$$= mv^2 - T + e\Phi = T + e\Phi = \frac{1}{2m}\left(\vec{p} - e\vec{A}\right)^2 + e\Phi, \tag{7.93}$$

und wir erhalten die kanonischen Differentialgleichungen z. B. für die Komponenten in x-Richtung:

$$\dot{x} = \frac{\partial H}{\partial p_x} = \frac{2mv_x}{2m} = v_x = \frac{1}{m}(p_x - eA_x) \tag{7.94}$$

$$\dot{p}_x = -\frac{\partial H}{\partial x} = -e\frac{\partial \Phi}{\partial x} + \frac{e}{m}\left(\vec{p} - e\vec{A}\right) \cdot \frac{\partial \vec{A}}{\partial x}. \tag{7.95}$$

Zusammengefaßt:

$$m\ddot{x} = -e\frac{\partial \Phi}{\partial x} + \frac{e}{m}(\vec{p} - e\vec{A}) \cdot \frac{\partial \vec{A}}{\partial x} - e\frac{dA_x}{dt}, \tag{7.96}$$

oder

$$m\ddot{x} = -e\left(\frac{\partial \Phi}{\partial x} + \frac{\partial A_x}{\partial t}\right) + e\left(\vec{v} \times \left(\vec{\nabla} \times \vec{A}\right)\right)_x. \tag{7.97}$$

3.) Rotierende Koordinatensysteme

Der Zusammenhang von zwei relativ zueinander um die z-Achse mit Winkelgeschwindigkeit $\vec{\omega} = (0, 0, \omega) = \omega \vec{e}_z$ rotierenden Koordinatensystemen sei:

$$x = x' \cos \omega t - y' \sin \omega t$$

$$y = x' \sin \omega t + y' \cos \omega t$$

$$z = z'. \tag{7.98}$$

Nach der Produktregel folgt für die Zeitableitungen:

$$\dot{x} = \dot{x}' \cos \omega t - x'\omega \sin \omega t - \dot{y}' \sin \omega t - y'\omega \cos \omega t$$

$$\dot{y} = \dot{x}' \sin \omega t + x'\omega \cos \omega t + \dot{y}' \cos \omega t - y'\omega \sin \omega t$$

$$\dot{z} = \dot{z}'. \tag{7.99}$$

Für die kinetische Energie erhalten wir dann:

$$T = \frac{1}{2}m\left(\dot{x}^2 + \dot{y}^2 + \dot{z}^2\right) = \frac{m}{2}(\dot{x}'^2 + \dot{y}'^2 + \dot{z}'^2) + m\omega(x'\dot{y}' - \dot{x}'y') + \frac{m\omega^2}{2}\left(x'^2 + y'^2\right). \tag{7.100}$$

Für geschwindigkeitsunabhängige Potentiale $U(x, y, z)$ folgt:

$$p'_x = \frac{\partial L}{\partial \dot{x}'} = \frac{\partial T}{\partial \dot{x}'} = m(\dot{x}' - \omega y') \tag{7.101}$$

$$p'_y = \frac{\partial L}{\partial \dot{y}'} = \frac{\partial T}{\partial \dot{y}'} = m(\dot{y}' + \omega x') \tag{7.102}$$

$$p'_z = \frac{\partial L}{\partial \dot{z}'} = \frac{\partial T}{\partial \dot{z}'} = m\dot{z}'. \tag{7.103}$$

In den Impulsen p'_x, p'_y, p'_z und Koordinaten x', y', z' ergibt sich für die Hamiltonfunktion:

$$H = \vec{p}' \cdot \vec{v}' - T + U = \frac{1}{2m}(p'^2_x + p'^2_y + p'^2_z) + \omega(p'_x y' - p'_y x') + U, \tag{7.104}$$

und die kanonischen Gleichungen lauten:

$$\dot{x}' = \frac{\partial H}{\partial p'_x} = \frac{p'_x}{m} + \omega y' = v'_x \tag{7.105}$$

$$\dot{y}' = \frac{\partial H}{\partial p'_y} = \frac{p'_y}{m} - \omega x' = v'_y \tag{7.106}$$

$$\dot{z}' = \frac{\partial H}{\partial p'_z} = \frac{p'_z}{m} = v'_z. \tag{7.107}$$

Wie im 2. Beispiel ist $\vec{v}'$ nicht einfach proportional zu $\vec{p}'$. Die Zeitableitungen der Impulskomponenten ergeben:

$$\dot{p}'_x = -\frac{\partial H}{\partial x'} = -\frac{\partial U}{\partial x'} + \omega p'_y \tag{7.108}$$

$$\dot{p}'_y = -\frac{\partial H}{\partial y'} = -\frac{\partial U}{\partial y'} - \omega p'_x \tag{7.109}$$

$$\dot{p}'_z = -\frac{\partial H}{\partial z'} = -\frac{\partial U}{\partial z'}. \tag{7.110}$$

Die Kombination der obigen Gleichungen ergibt die bekannten Bewegungsgleichungen:

$$\ddot{x}' - 2\omega \dot{y}' - \omega^2 x' = \frac{F_{x'}}{m} \tag{7.111}$$

$$\ddot{y}' + 2\omega \dot{x}' - \omega^2 y' = \frac{F_{y'}}{m} \tag{7.112}$$

$$\ddot{z}' = \frac{F_{z'}}{m} \tag{7.113}$$

in denen automatisch **Coriolis-** und **Zentripetalbeschleunigung** auftreten. Zum expliziten Beweis verwendet man $\vec{\omega} = \omega\,\vec{e}_z$ und wertet die Coriolis-Beschleunigung $2\vec{\omega}\times\vec{v}\,'$ sowie die Zentripetalbeschleunigung $\vec{\omega}\times(\vec{\omega}\times\vec{r}\,')$ aus.

Bemerkung Die Beispiele 2. und 3. zeigen, daß der **kanonische** Impuls, z. B. $p_x = \partial L/\partial v_x$, von dem **mechanischen** Impuls mv_x zu unterscheiden ist.

7.3 Symmetrien und Erhaltungssätze

7.3.1 Zyklische Variable

Wenn die Lagrange–Funktion $L(q_i, \dot{q}_i, t)$ von einer generalisierten Koordinate q_C nicht abhängt, d. h.

$$\frac{\partial L}{\partial q_C} = 0, \qquad (7.114)$$

so folgt aus der zugehörigen Lagrange–Gleichung

$$\frac{d}{dt}\left(\frac{\partial L}{\partial \dot{q}_C}\right) = 0. \qquad (7.115)$$

Der generalisierte Impuls p_C ist also eine Konstante der Bewegung,

$$p_C = \frac{\partial L}{\partial \dot{q}_C} = \text{const.} \qquad (7.116)$$

Generalisierte Koordinaten mit der Eigenschaft (7.114) nennt man **zyklische Variablen**.

Beispiel Für ein Teilchen im Zentralfeld gilt in Kugelkoordinaten (r, ϑ, φ):

$$L = \frac{m}{2}(\dot{r}^2 + r^2\dot{\vartheta}^2 + r^2\sin^2\vartheta\,\dot{\varphi}^2) - U(r). \qquad (7.117)$$

L ist unabhängig vom Winkel φ, der sich als zyklische Variable erweist. Der zugehörige generalisierte Impuls ist dann eine Erhaltungsgröße,

$$p_\varphi = \frac{\partial L}{\partial \dot{\varphi}} = mr^2\sin^2\vartheta\,\dot{\varphi} = l_z = \text{const.} \qquad (7.118)$$

7.3.2 Translationsinvarianz und Impulssatz

Wegen der Homogenität des Raumes muß die Lagrange–Funktion eines abgeschlossenen Systems invariant sein gegen Translationen. Dann muß gelten:

$$L(\vec{r}_i, \vec{v}_i, t) = L(\vec{r}_i + \vec{a}, \vec{v}_i, t); \tag{7.119}$$

dabei ist $\vec{a}$ ein beliebiger, für alle Teilchen gleicher Verschiebungsvektor. Da die Translationen eine kontinuierliche Gruppe bilden, genügt es, kleine Verschiebungen zu betrachten, für die durch Taylor–Entwicklung folgt:

$$\sum_i \left(\frac{\partial L}{\partial x_i} a_x + \frac{\partial L}{\partial y_i} a_y + \frac{\partial L}{\partial z_i} a_z \right) = \sum_i \frac{\partial L}{\partial \vec{r}_i} \cdot \vec{a} = 0, \tag{7.120}$$

d. h.

$$\sum_i \frac{\partial L}{\partial \vec{r}_i} = 0, \tag{7.121}$$

da $\vec{a}$ beliebig war. Aus den Lagrange-Bewegungsgleichungen folgt dann:

$$\frac{d}{dt} \left(\sum_i \frac{\partial L}{\partial \vec{r}_i} \right) = \frac{d}{dt} \left(\sum_i \vec{p}_i \right) = 0, \tag{7.122}$$

also:

$$\vec{P} = \sum_{i=1}^N \vec{p}_i = \text{const.}, \tag{7.123}$$

was der **Impuls–Erhaltung** entspricht.

7.3.3 Rotationsinvarianz und Drehimpulssatz

Wegen der Isotropie des Raumes muß für hinreichend kleine Winkel φ für ein abgeschlossenes System gelten:

$$L(\vec{r}_i, \vec{v}_i, t) = L(\vec{r}_i + \varphi(\vec{u} \times \vec{r}_i), \vec{v}_i + \varphi(\vec{u} \times \vec{v}_i), t). \tag{7.124}$$

7.3 Symmetrien und Erhaltungssätze

Die Vektoren $\vec{r}_i$, $\vec{v}_i$ werden also um eine durch den Einheitsvektor $\vec{u}$ gegebene, beliebige Achse um den Winkel φ gedreht. Analog zu den Betrachtungen bei der Translationsinvarianz folgt durch Taylor–Entwicklung:

$$\sum_i \frac{\partial L}{\partial \vec{r}_i} \cdot (\vec{u} \times \vec{r}_i) + \sum_i \frac{\partial L}{\partial \vec{v}_i} \cdot (\vec{u} \times \vec{v}_i) = 0, \tag{7.125}$$

oder mit den Langrange-Gleichungen:

$$\sum_i \dot{\vec{p}}_i \cdot (\vec{u} \times \vec{r}_i) + \sum_i \vec{p}_i \cdot (\vec{u} \times \vec{v}_i) = 0. \tag{7.126}$$

Mit der zyklischen Invarianz des Spatproduktes, $\vec{a} \cdot (\vec{b} \times \vec{c}) = \vec{b} \cdot (\vec{c} \times \vec{a}) = \vec{c} \cdot (\vec{a} \times \vec{b})$, und der Produktregel vereinfacht sich (7.126) zu

$$\frac{d}{dt}\left(\sum_i (\vec{r}_i \times \vec{p}_i) \cdot \vec{u}\right) = \sum_i \left((\vec{v}_i \times \vec{p}_i) \cdot \vec{u} + (\vec{r}_i \times \dot{\vec{p}}_i) \cdot \vec{u}\right) = 0. \tag{7.127}$$

Da der Einheitsvektor $\vec{u}$ beliebig gewählt werden kann, erhalten wir

$$\vec{L} = \sum_{i=1}^N \vec{l}_i = \sum_{i=1}^N (\vec{r}_i \times \vec{p}_i) = \text{const.}, \tag{7.128}$$

d. h. den **Drehimpulssatz**.

7.3.4 Zeit-Translation und Energiesatz

Die Homogenität der Zeit erlaubt uns, den Zeit-Nullpunkt beliebig festzulegen. Für ein abgeschlossenes System muß daher die Lagrange–Funktion invariant unter der Transformation

$$t \to t + \tau \tag{7.129}$$

für beliebiges τ sein, d. h.

$$\frac{\partial L}{\partial t} = 0. \tag{7.130}$$

Dann wird unter Ausnutzung der Lagrange-Gleichungen:

$$\frac{dL}{dt} = \sum_j \left(\frac{\partial L}{\partial q_j}\dot{q}_j + \frac{\partial L}{\partial \dot{q}_j}\ddot{q}_j\right) = \sum_j \left(\frac{d}{dt}\left(\frac{\partial L}{\partial \dot{q}_j}\right)\dot{q}_j + \frac{\partial L}{\partial \dot{q}_j}\ddot{q}_j\right) = \frac{d}{dt}\left(\sum_j \frac{\partial L}{\partial \dot{q}_j}\dot{q}_j\right); \tag{7.131}$$

also ist
$$\frac{d}{dt}\left(L - \sum_j \frac{\partial L}{\partial \dot{q}_j}\dot{q}_j\right) = -\frac{d}{dt}H = 0 \qquad (7.132)$$

und damit

$$\sum_j \frac{\partial L}{\partial \dot{q}_j}\dot{q}_j - L = \sum_j p_j \dot{q}_j - L = H = \text{const.} \qquad (7.133)$$

Die **Hamilton–Funktion** H des Systems ist also eine **Erhaltungsgröße.** Sie ist identisch mit der Energie E des Systems, wenn konservative Kräfte und skleronome Zwangsbedingungen vorliegen. Dann wird:
$$L = T - U, \qquad (7.134)$$
wenn U die potentielle Energie des Systems ist, und

$$\sum_j \frac{\partial L}{\partial \dot{q}_j}\dot{q}_j = 2T, \qquad (7.135)$$

so daß
$$T - U - 2T = -H \qquad (7.136)$$
oder

$$H = T + U = E \qquad (7.137)$$

wird. Die besondere Rolle der Hamilton-Funktion H wird auch in den kanonischen Differentialgleichungen (7.83) deutlich: die Änderung von H bezgl. eines Impulses p_i bestimmt die Zeitentwicklung der assoziierten Koordinate q_i und umgekehrt.

Zum **Beweis** von (7.135) nutzen wir aus, daß für konservative Kräfte das Potential U nicht von $\dot{q}_j$ abhängt, so daß
$$\frac{\partial L}{\partial \dot{q}_j} = \frac{\partial T}{\partial \dot{q}_j}. \qquad (7.138)$$

Für skleronome Bedingungen ist
$$\vec{r}_i = \vec{r}_i(q_1, .., q_s) \qquad (7.139)$$

7.3 Symmetrien und Erhaltungssätze

und damit
$$\vec{v}_i = \sum_j \frac{\partial \vec{r}_i}{\partial q_j} \dot{q}_j, \tag{7.140}$$

wobei $\partial \vec{r}_i / \partial q_j$ eine Funktion der generalisierten Koordinaten q_l allein ist. Die kinetische Energie ist daher eine quadratische Form in den $\dot{q}_j$:

$$T = \frac{1}{2} \sum_i m_i v_i^2 = \sum_{j,l} a_{jl}\, \dot{q}_j \dot{q}_l, \tag{7.141}$$

in der die Koeffizienten a_{jl} nur noch von den Koordinaten q_l abhängen. Damit wird:

$$\frac{\partial T}{\partial \dot{q}_r} = \sum_l a_{rl}\, \dot{q}_l + \sum_j a_{jr}\, \dot{q}_j = 2 \sum_l a_{rl}\, \dot{q}_l, \tag{7.142}$$

wenn man die Symmetrie der Koeffizienten $a_{jl} = a_{lj}$ beachtet. Mit (7.142) folgt nun die Behauptung:

$$\sum_r \frac{\partial L}{\partial \dot{q}_r} \dot{q}_r = \sum_r \frac{\partial T}{\partial \dot{q}_r} \dot{q}_r = 2 \sum_{r,l} a_{rl}\, \dot{q}_r \dot{q}_l = 2T. \tag{7.143}$$

Zusammenfassend haben wir in diesem Kapitel verallgemeinerte Koordinaten definiert, die die auf das System ausgeübten Zwangsbedingungen erfüllen und gleichzeitig die Komplexität des Problems – durch die Reduktion der Anzahl (linear unabhängiger) Freiheitsgrade – verringern. Die Bewegungsgleichungen in verallgemeinerten Koordinaten wurden dann aus den Newtonschen Bewegungsgleichungen abgeleitet. Es hat sich gezeigt, daß diese Gleichungen auch durch ein Variationsprinzip erzeugt werden können, das eine Lagrange-Funktion L spezifiziert, die im Fall konservativer Kräfte durch die Differenz zwischen kinetischer und potentieller Energie gegeben ist. Verallgemeinerte Impulse wurden durch die Ableitung der Lagrange-Funktion nach den verallgemeinerten Geschwindigkeiten definiert. Dementsprechend ist der verallgemeinerte Impuls eine Erhaltungsgröße, wenn die Lagrange-Funktion nicht von einer bestimmten Koordinate abhängt, z. B. dem Azimutalwinkel φ. Dies legte nahe, die Formulierung in Phasenraumvariablen zu transformieren, die durch die Koordinaten und ihre zugehörigen Impulse gegeben sind, was durch eine Legendre-Transformation zur Definition der Hamilton-Funktion H durchgeführt wurde. Im Fall konservativer Kräfte liefert letztere gerade die Energie des Systems in den Phasenraumvariablen. Das Variationsprinzip kann dann im Sinne des (äquivalenten) Variationsprinzips von Hamilton umformuliert werden, welches die kanonischen Bewegungsgleichungen ergibt. Letztere wurden anhand einiger Beispiele veranschaulicht. Außerdem wurde erneut gezeigt, daß – für ein abgeschlossenes System – die Translationsinvarianz zur Erhaltung des Gesamtimpulses führt, die Rotationsinvarianz zur Erhaltung des Gesamtdrehimpulses und die Invarianz bezüglich Zeittranslationen zur Erhaltung der Gesamtenergie.

Anwendungen des Lagrange-Formalismus

8

Inhaltsverzeichnis

8.1	Bewegungen starrer Körper	151
8.2	Kinetische Energie und Trägheitstensor	153
8.3	Drehimpuls	156
8.4	Die Euler'schen Gleichungen	158
8.5	Die Euler'schen Winkel	160
8.6	Die Lagrangegleichungen des starren Körpers	162

In diesem Kapitel werden Anwendungen des Lagrange-Formalismus für die Bewegung starrer Körper vorgestellt, was zur Definition eines Trägheitstensors führt. Die Eigenvektoren und Eigenwerte dieses Tensors definieren die Hauptträgheitsachsen bzw. die Hauptträgheitsmomente. Aus der Lagrange-Funktion für den starren Körper werden wir sodann die Eulerschen Bewegungsgleichungen ableiten, die für den Fall eines symmetrischen schweren Kreisels gelöst werden.

8.1 Bewegungen starrer Körper

Als explizite Anwendung des Lagrange-Formalismus wollen wir die Dynamik des **starren Körpers** berechnen. Ein starrer Körper ist ein Festkörper, dessen Massenelemente einen festen Abstand voneinander haben, der also keinen Verformungen unterliegt. Starre Körper sind auch dadurch definiert, daß sie nur **Translationen** und **Rotationen** durchführen können. Zur Beschreibung starrer Körper führen wir zwei Koordinatensysteme ein: Ein Inertialsystem x_I, y_I, z_I (Abb. 8.1) und ein körperfestes Koordinatensystem x, y, z, das fest an den bewegten Körper angeheftet ist (Abb. 8.2).

Die Bewegung eines starren Körpers besteht aus einer Translation, bei der sich die Winkellage des Körpers nicht ändert und alle Massenpunkte dieselbe Geschwindigkeit haben,

Abb. 8.1 Inertial System mit
den Achsen x_I, y_I, z_I

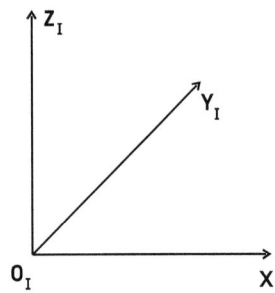

Abb. 8.2 Körperfestes
Koordinatensystem mit den
Achsen x, y, z

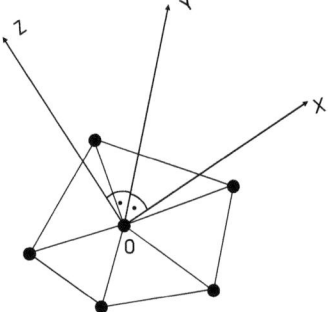

und einer Drehung um den frei wählbaren Koordinatenursprung O (Euler-Theorem). Da Translationen durch drei Koordinaten und Drehungen durch die Richtung der momentanen Drehachse und die Größe des Drehwinkels gekennzeichnet werden, hat ein frei beweglicher starrer Körper **sechs Freiheitsgrade.**

Da sich jede Bewegung eines starren Körpers aus einer Translation und einer Drehung des körperfesten Koordinatensystems um O zusammensetzt, ist die im Inertialsystem gemessene Geschwindigkeit v_I eines körperfesten Punktes P gleich

$$\vec{v}_I = \vec{v}_0 + \vec{\omega} \times \vec{r} \tag{8.1}$$

mit

- $\vec{v}_0$ = Geschwindigkeit des Koordinatenursprungs O im Inertialsystem
- $\vec{\omega}$ = Winkelgeschwindigkeit des starren Körpers im Inertialsystem
- $\vec{r} = \overline{OP}$ = Ortsvektor von P im körperfesten Koordinatensystem

8.2 Kinetische Energie und Trägheitstensor

Wir nehmen an, daß der starre Körper aus n Massenpunkten m_a besteht. Die kinetische Energie lautet dann

$$T = \sum_{a=1}^{n} \frac{m_a}{2} v_{Ia}^2 = \sum_{a=1}^{n} \frac{m_a}{2} [\vec{v}_0 + (\vec{\omega} \times \vec{r}_a)]^2$$

$$= \sum_{a=1}^{n} \frac{m_a}{2} \left(v_0^2 + \vec{v}_0 \cdot (\vec{\omega} \times \vec{r}_a) + (\vec{\omega} \times \vec{r}_a)^2 \right)$$

$$= \underbrace{\frac{M}{2} v_0^2}_{T_{\text{trans}}} + \underbrace{(\vec{v}_0 \times \vec{\omega}) \cdot \sum_{a=1}^{n} m_a \vec{r}_a}_{T_W} + \underbrace{\sum_{a=1}^{n} \frac{m_a}{2} (\vec{\omega} \times \vec{r}_a)^2}_{T_{\text{rot}}}$$

$$M := \sum_{a=1}^{n} m_a = \text{Masse des Körpers.} \tag{8.2}$$

Der erste Term ist die Translationsenergie T_{trans}, der dritte Term die Rotationsenergie T_{rot} und der mittlere Term eine ‚wechselseitige' Energie T_W, die zugleich durch Translation und Rotation bestimmt wird. Ist der starre Körper frei, so wird der Koordinatenursprung O am besten in den Schwerpunkt $\vec{S}$ gelegt. Dann ist $\sum_a m_a \vec{r}_a = 0$ und die wechselseitige Energie T_W verschwindet, d. h.:

$$T = T_{\text{trans}} + T_{\text{rot}}. \tag{8.3}$$

Die kinetische Energie ist dann die Summe aus der kinetischen Translationsenergie der im Schwerpunkt vereint gedachten Masse und der Rotationsenergie der Drehung um den Schwerpunkt.

Wird der starre Körper in mindestens einem Punkt festgehalten, so legt man den Ursprung O des körperfesten Koordinatensystems zweckmäßigerweise in einen dieser Punkte und erhält wegen $\vec{v}_0 = 0$:

$$T = T_{\text{rot}}. \tag{8.4}$$

Die kinetische Energie ist gleich der Rotationsenergie der Drehung um den festen Punkt.

Wir rechnen nun die **Rotationsenergie** auf die körperfesten Komponenten ω_i und x_{ai} – mit $i = 1, 2, 3$ – der Vektoren $\vec{\omega}$ und $\vec{r}_a$ um. Dabei gelte:

$$\vec{r}_a = (x_a, y_a, z_a) := (x_{a1}, x_{a2}, x_{a3}) \quad a = 1, \ldots n. \tag{8.5}$$

Mit

$$(\vec{a} \times \vec{b})^2 = a^2 b^2 - (\vec{a} \cdot \vec{b})^2 = \sum_{i,j=1}^{3} \left(a_i a_i b_j b_j - a_i b_i a_j b_j \right) \tag{8.6}$$

ergibt sich:

$$T_{\text{rot}} = \sum_{a=1}^{n} \frac{m_a}{2} (\vec{\omega} \times \vec{r}_a)^2 = \sum_{a=1}^{n} \frac{m_a}{2} \sum_{i,j=1}^{3} [\omega_i \omega_i x_{aj} x_{aj} - \omega_i x_{ai} \omega_j x_{aj}] \tag{8.7}$$

$$= \frac{1}{2} \sum_{a=1}^{n} m_a \sum_{i,j=1}^{3} \omega_i \omega_j \left[\sum_{k=1}^{3} x_{ak} x_{ak} \delta_{ij} - x_{ai} x_{aj} \right]$$

wobei

$$\delta_{ij} := \begin{cases} 1 & \text{für } i = j \\ 0 & \text{für } i \neq j \end{cases} \tag{8.8}$$

das sogenannte **Kroneckersymbol** ist.

In (8.7) lassen sich nun die Parameter (Massen und Orte) von den Projektionen der Winkelgeschwindigkeit $\vec{\omega}$ auf die Körperfesten Achsen trennen. Dazu definieren wir den **Trägheitstensor** über ($i, j = 1, 2, 3$)

$$I_{ij} := \sum_{a=1}^{n} m_a \left[\sum_{k=1}^{3} x_{ak} x_{ak} \delta_{ij} - x_{ai} x_{aj} \right] \tag{8.9}$$

und erhalten

$$T_{\text{rot}} = \frac{1}{2} \sum_{i,j=1}^{3} I_{ij} \, \omega_i \omega_j. \tag{8.10}$$

8.2 Kinetische Energie und Trägheitstensor

Es sei ausdrücklich betont, daß die ω_i die **körperfesten** Komponenten der Winkelgeschwindigkeit, d. h. die Projektionen von $\vec{\omega}$ auf die Körperachsen $x, y, z = x_1, x_2, x_3$ sind.

Bemerkung

Wenn sich der starre Körper nur um eine seiner körperfesten Achsen dreht, wenn also nur eine Komponente von $\vec{\omega}$ ungleich Null ist, oder wenn $I_{ij} = I\delta_{ij}$ gilt, so geht obige Gleichung in die bekanntere Formel

$$T = \frac{1}{2} I \omega^2 \tag{8.11}$$

über.

Bildet der starre Körper ein Kontinuum, so gilt

$$I_{ij} := \int \rho(x_1, x_2, x_3) \left[\sum_{k=1}^{3} x_k x_k \delta_{ij} - x_i x_j \right] dx_1 dx_2 dx_3 \tag{8.12}$$

mit der Massendichte $\rho(x_1, x_2, x_3)$. Zur Verdeutlichung stellen wir den Trägheitstensor I_{ij} (8.9) noch in Matrixschreibweise dar:

$$I = \sum_{a=1}^{n} m_a \begin{pmatrix} y_a^2 + z_a^2 & -x_a y_a & -x_a z_a \\ -y_a x_a & x_a^2 + z_a^2 & -y_a z_a \\ -z_a x_a & -z_a y_a & x_a^2 + y_a^2 \end{pmatrix} \tag{8.13}$$

für n diskrete Massen m_a. Im Falle einer kontinuierlichen Massendichte $\rho(x_1, x_2, x_3)$ erhalten wir mit (8.12):

$$I = \int \rho(x_1, x_2, x_3) \begin{pmatrix} x_2^2 + x_3^2 & -x_1 x_2 & -x_1 x_3 \\ -x_2 x_1 & x_1^2 + x_3^2 & -x_2 x_3 \\ -x_3 x_1 & -x_3 x_2 & x_1^2 + x_2^2 \end{pmatrix} dx_1 dx_2 dx_3. \tag{8.14}$$

Die Diagonalelemente des Trägheitstensors heißen **Trägheitsmomente** die Nichtdiagonalelemente **Deviationsmomente.**

Der Trägheitstensor ist laut Definition (8.9) symmetrisch:

$$I_{ij} = I_{ji}. \tag{8.15}$$

Er kann daher durch die Einführung eines neuen, gedrehten Koordinatensystems stets auf Diagonalform transformiert werden. Die entsprechenden Achsen werden **Hauptträgheitsachsen**, die Diagonalelemente $I_{ii} =: \lambda_i$ **Hauptträgheitsmomente** genannt.

Die Bestimmung derjenigen Hauptträgheitsachsen, die durch den Schwerpunkt gehen, ist für symmetrische Körper einfach: Eine Hauptträgheitsachse fällt mit der Symmetrieachse überein; die beiden anderen Hauptträgheitsachsen stehen orthogonal dazu, können aber ansonsten beliebig gewählt werden.

Für die Hauptträgheitsachsen lautet die Rotationsenergie

$$T_{\text{rot}} = \frac{1}{2}(\lambda_1 \omega_1^2 + \lambda_2 \omega_2^2 + \lambda_3 \omega_3^2). \tag{8.16}$$

Def.: Ein starrer Körper heißt

1. **Rotator,** wenn er eindimensional ist und seine Massenpunkte nur auf einer Achse, z. B. der z–Achse liegen, so daß $\lambda_1 = \lambda_2$; $\lambda_3 = 0$.
2. **unsymmetrisch,** wenn alle drei Hauptträgheitsmomente verschieden sind.
3. **symmetrisch,** wenn zwei Hauptträgheitsmomente gleich sind.
4. **Kugelkreisel,** wenn $\lambda_1 = \lambda_2 = \lambda_3$.
   Kugelkreisel sind nicht unbedingt Kugeln. So sind z. B. Würfel Kugelkreisel und Zylinder mit Radius r der Höhe $h = \sqrt{3}r$.

8.3 Drehimpuls

Wir nehmen wieder an, daß der starre Körper aus n Massenpunkten m_a besteht. Der Gesamtdrehimpuls $\vec{L}_{\text{ges}}$ ist dann im Inertialsystem

$$\vec{L}_{\text{ges}} = \sum_{a=1}^{n} m_a (\vec{r}_{Ia} \times \vec{v}_{Ia}). \tag{8.17}$$

Wir bezeichnen die Ortsvektoren im körperfesten Koordinatensystem mit $\vec{r}_a$, setzen

$$\vec{r}_{Ia} = \vec{r}_0 + \vec{r}_a \tag{8.18}$$

$$\vec{v}_{Ia} = \vec{v}_0 + \vec{\omega} \times \vec{r}_a \tag{8.19}$$

8.3 Drehimpuls

ein und erhalten:

$$\vec{L}_{\text{ges}} = M(\vec{r}_0 \times \vec{v}_0) + \vec{r}_0 \times \left[\vec{\omega} \times \left(\sum_{a=1}^{n} m_a \vec{r}_a\right)\right]$$

$$+ \left(\sum_{a=1}^{n} m_a \vec{r}_a\right) \times \vec{v}_0 + \sum_{a=1}^{n} m_a \left(\vec{r}_a \times (\vec{\omega} \times \vec{r}_a)\right). \tag{8.20}$$

Freies System

Wird der starre Körper in keinem Punkt festgehalten, so legen wir den Koordinatenursprung O wieder in den Schwerpunkt $\vec{S} \Rightarrow \vec{r}_0 = \vec{r}_S$ und $\vec{v}_0 = \vec{v}_S$. Weiterhin: aus $\sum_a m_a \vec{r}_a = 0$ im transformierten System folgt

$$\vec{L}_{\text{ges}} = M\vec{r}_S \times \vec{v}_S + \underbrace{\sum_{a=1}^{n} m_a \vec{r}_a \times (\vec{\omega} \times \vec{r}_a)}_{\vec{L}} =: M(\vec{r}_S \times \vec{v}_S) + \vec{L}. \tag{8.21}$$

Der Gesamtdrehimpuls $\vec{L}_{\text{ges}}$ ist die Summe aus dem Term $M(\vec{r}_S \times \vec{v}_S)$, der den **Bahndrehimpuls** der Schwerpunktbewegung bezüglich O_I widergibt, und dem **Eigendrehimpuls** $\vec{L}$ für die Eigendrehung um den Schwerpunkt $\vec{S}$.

Festgehaltenes System

Wird der starre Körper in mindestens einem Punkt festgehalten, so legen wir den inertialen Koordinatenursprung O_I und den körperfesten Koordinatenursprung O zweckmäßigerweise in einen dieser ruhenden Punkte und erhalten wegen $\vec{r}_0 = \vec{v}_0 = 0$:

$$\vec{L}_{\text{ges}} = \sum_{a=1}^{n} m_a \left(\vec{r}_a \times (\vec{\omega} \times \vec{r}_a)\right) =: \vec{L}. \tag{8.22}$$

Für Drehungen um einen festen Punkt ist der Gesamtdrehimpuls $\vec{L}_{\text{ges}}$ gleich dem Eigendrehimpuls $\vec{L}$, falls beide Koordinatenursprünge O_I und O in diesem Punkt liegen. Mit

$$\vec{r} \times (\vec{\omega} \times \vec{r}) = \vec{\omega}(\vec{r} \cdot \vec{r}) - \vec{r}(\vec{r} \cdot \vec{\omega}) \tag{8.23}$$

erhalten die **körperfesten** Komponenten des Eigendrehimpulses $\vec{L}$ die Form

$$L_i = \sum_{j=1}^{3} \left(\sum_{a=1}^{n} m_a \left[\sum_{k=1}^{3} x_{ak} x_{ak} \delta_{ij} - x_{ai} x_{aj}\right]\right) \omega_j = \sum_{j=1}^{3} I_{ij} \omega_j \quad i = 1, 2, 3. \tag{8.24}$$

Verwendet man die Hauptträgheitsachsen als körperfeste Koordinatenachsen, so lauten die **körperfesten** Komponenten des Eigendrehimpulses $\vec{L}$:

$$L_1 = \lambda_1 \omega_1 \quad L_2 = \lambda_2 \omega_2 \quad L_3 = \lambda_3 \omega_3. \tag{8.25}$$

Demnach ist der Eigendrehimpuls $\vec{L}$ eines starren Körpers i. a. nicht parallel zur Winkelgeschwindigkeit $\vec{\omega}$. Lediglich bei Rotationen um eine Hauptträgheitsachse haben $\vec{L}$ und $\vec{\omega}$ die gleiche Richtung. Die Nichtparallelität von $\vec{L}$ und $\vec{\omega}$ ist einer der Gründe für die mathematische Schwierigkeit bei der Untersuchung starrer Körper.

8.4 Die Euler'schen Gleichungen

Wir müssen uns jetzt noch den Drehimpulssatz genauer ansehen. Im Allgemeinen ist der Trägheitstensor nur im körperfesten Koordinatensystem konstant, so daß es notwendig ist, die Bewegungsgleichung, d.h. in erster Linie die Zeitableitung des Drehimpulses $\vec{L}_S$ auf das Inertialsystem umzurechnen:

$$\dot{\vec{L}}_S = \frac{d}{dt}\left[\sum_{a=1}^n m_a \vec{r}_a \times (\vec{\omega} \times \vec{r}_a)\right] = \frac{d}{dt}\left[\sum_{i,j=1}^3 I_{ij} \omega_j \vec{e}_i\right], \tag{8.26}$$

wobei $\omega_j = \vec{e}_j \cdot \vec{\omega}$ die körperfesten Koordinaten von $\vec{\omega}$ und $\vec{e}_i$ die Basisvektoren des körperfesten Koordinatensystems sind. Mit

$$\dot{\vec{e}}_i = \vec{\omega} \times \vec{e}_i \tag{8.27}$$

folgt:

$$\frac{d}{dt}\vec{L}_S = \dot{\vec{L}}_S = \sum_{i,j=1}^3 I_{ij} \dot{\omega}_j \vec{e}_i + \vec{\omega} \times \sum_{i,j=1}^3 I_{ij} \omega_j \vec{e}_i. \tag{8.28}$$

Der erste Term ist die Zeitableitung des Drehimpulses für einen Beobachter, der im körperfesten System steht und daher die Basisvektoren $\vec{e}_i$ als konstant ansieht. Wir bezeichnen diese ‚körperfeste Ableitung' mit $d_k \vec{L}_S / dt$ und erhalten

$$\frac{d}{dt}\vec{L}_S = \dot{\vec{L}}_S = \frac{d_k}{dt}\vec{L}_S + \vec{\omega} \times \vec{L}_S = \vec{N}_S, \tag{8.29}$$

8.4 Die Euler'schen Gleichungen

wobei die Vektoren $\vec{L}_S, \vec{\omega}, \vec{N}_S$ in der körperfesten Basis entwickelt werden und $\vec{N}_S$ ein äußeres Drehmoment bezeichnet.

Wenn die körperfesten Achsen Hauptträgheitsachsen sind, finden wir mit $L_i = \lambda_i \omega_i$ durch Multiplikation von (8.28) bzw. (8.29) mit den Basisvekroren $\vec{e}_k$,

$$\vec{e}_k \cdot \frac{d}{dt}\vec{L}_S = \vec{e}_k \cdot \left(\sum_i \lambda_i \dot{\omega}_i \vec{e}_i\right) + \vec{e}_k \cdot \left(\vec{\omega} \times \sum_i \lambda_i \omega_i \vec{e}_i\right) = \vec{e}_k \cdot \vec{N}_S = N_k \qquad (8.30)$$

für $k = 1, 2, 3$ die wichtigen gekoppelten, nichtlinearen **Euler'schen Gleichungen**

$$\lambda_1 \dot{\omega}_1 - (\lambda_2 - \lambda_3)\omega_2 \omega_3 = N_1$$
$$\lambda_2 \dot{\omega}_2 - (\lambda_3 - \lambda_1)\omega_3 \omega_1 = N_2$$
$$\lambda_3 \dot{\omega}_3 - (\lambda_1 - \lambda_2)\omega_1 \omega_2 = N_3. \qquad (8.31)$$

Dabei sind ω_i und N_i die Projektionen von $\vec{\omega}$ und $\vec{N}$ auf die körperfesten Koordinatenachsen $\vec{e}_i$, die Hauptträgheitsachsen sein müssen.

Als **Beispiel** für die Euler'schen Gleichungen (8.31) untersuchen wir den **kräftefreien, symmetrischen Kreisel**, d.h. $\vec{N}_S = 0$ und $\lambda_1 = \lambda_2$. Die Gl. (8.31) gehen dann über in

$$\lambda_1 \dot{\omega}_1 - (\lambda_1 - \lambda_3)\omega_2 \omega_3 = 0$$
$$\lambda_1 \dot{\omega}_2 - (\lambda_3 - \lambda_1)\omega_3 \omega_1 = 0$$
$$\lambda_3 \dot{\omega}_3 = 0. \qquad (8.32)$$

Aus (8.32) folgt, daß ω_3 = const. und damit auch

$$\Omega = \frac{\lambda_3 - \lambda_1}{\lambda_1} \omega_3 = \text{const.} \qquad (8.33)$$

Wir erhalten in Folge lediglich ein lineares gekoppeltes System in den Variablen ω_1, ω_2, d.h. mit (8.33)

$$\dot{\omega}_1 + \Omega \omega_2 = 0, \qquad \dot{\omega}_2 - \Omega \omega_1 = 0. \qquad (8.34)$$

Wir bilden eine weitere Zeitableitung der ersten Gleichung, setzen die 2. Gleichung ein und erhalten

$$\ddot{\omega}_1 + \Omega^2 \omega_1 = 0. \qquad (8.35)$$

Die Lösung von (8.35) ist

$$\omega_1(t) = A \cos(\Omega t + \alpha) \qquad (8.36)$$

mit einer durch die Anfangsbedingungen zu bestimmenden Phase α. Die Lösung von $\omega_2(t)$ erhalten wir durch Integration der 2. Gleichung in (8.34) unter Verwendung von (8.36) zu

$$\omega_2(t) = A \sin(\Omega t + \alpha), \tag{8.37}$$

so daß mit $\omega_1^2(t) + \omega_2^2(t) = A^2$ die Konstanz des Betrages von $\vec{\omega}$ folgt. Der kräftefreie, symmetrische Kreisel rotiert also mit der Frequenz Ω um die Figurenachse.

8.5 Die Euler'schen Winkel

Die Euler'schen Gleichungen bestimmen nur die Projektionen der Winkelgeschwindigkeit $\vec{\omega}(t) \cdot \vec{e}_i = \omega_i(t)$. Wir führen nun die Euler'schen Winkel ein, mit denen sich die Winkellage, d. h. die Orientierung des körperfesten Koordinatensystems und damit des Körpers im Inertialsystem sehr anschaulich angeben läßt.

Der Übergang vom Inertialsystem Σ_I auf das gedrehte körperfeste System Σ wird mit drei Drehungen ausgeführt, die nach Abb. 8.3 in folgender Reihenfolge vorzunehmen sind:

1. **Drehung φ um die z_I-Achse.** Dabei geht die x-Achse in die punktierte **Knotenlinie** $\overline{ON}$ über. Es entsteht das neue Koordinatensystem $(\hat{x}, \hat{y}, \hat{z})$.
2. **Drehung ϑ um die Knotenlinie** $\overline{ON}$. Die inertiale z_I-Achse und die körperfeste z-Achse schließen danach den Winkel ϑ ein.
3. **Drehung ψ um die z-Achse.** Man erhält das körperfeste (x, y, z)-Koordinatensystem.

Die Euler'schen Winkel legen die Orientierung des körperfesten Koordinatensystems und somit auch des starren Körpers relativ zum Inertialsystem eindeutig fest: Gemäß Abb. 8.3

Abb. 8.3 Euler Winkel und Drehungen (siehe Text)

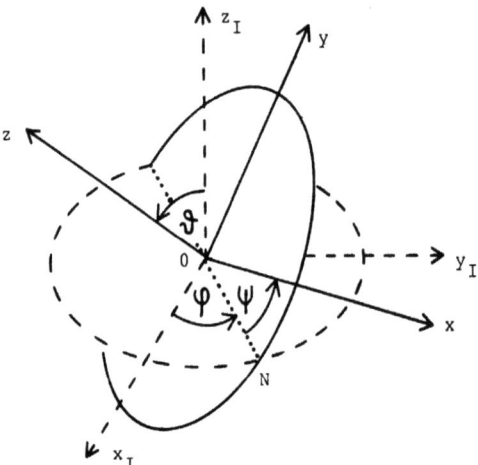

8.5 Die Euler'schen Winkel

geben die Winkel φ und ϑ die Stellung der körperfesten z-Achse im Inertialsystem an. Der Winkel ψ beschreibt die Eigendrehung um die z-Achse.

Die Winkelgeschwindigkeit $\vec{\omega}$ setzt sich aus den drei Euler'schen Winkelgeschwindigkeiten $\vec{\omega}_\varphi, \vec{\omega}_\vartheta, \vec{\omega}_\psi$ zusammen:

$$\vec{\omega} = \vec{\omega}_\varphi + \vec{\omega}_\vartheta + \vec{\omega}_\psi. \tag{8.38}$$

Wir projizieren diese drei Winkelgeschwindigkeiten auf das körperfeste Koordinatensystem, um so die Komponenten $\omega_1, \omega_2, \omega_3$ zu erhalten.

1. $\vec{\omega}_\varphi$ hat im Inertialsystem die Komponentendarstellung

$$\vec{\omega}_{\varphi I} = \begin{pmatrix} 0 \\ 0 \\ \dot{\varphi} \end{pmatrix}, \tag{8.39}$$

und im körperfesten System:

$$\vec{\omega}_\varphi = \dot{\varphi} \begin{pmatrix} \sin\psi \, \sin\vartheta \\ \cos\psi \, \sin\vartheta \\ \cos\vartheta \end{pmatrix}. \tag{8.40}$$

2. $\vec{\omega}_\vartheta$ hat im Koordinatensystem $(\hat{x}, \hat{y}, \hat{z})$ die Form

$$\vec{\omega}_\vartheta = \begin{pmatrix} \dot{\vartheta} \\ 0 \\ 0 \end{pmatrix}, \tag{8.41}$$

so daß für das körperfeste Koordinatensystem gilt:

$$\vec{\omega}_\vartheta = \dot{\vartheta} \begin{pmatrix} \cos\psi \\ -\sin\psi \\ 0 \end{pmatrix}. \tag{8.42}$$

3. Für die Winkelgeschwindigkeit $\vec{\omega}_\psi$ gilt:

$$\vec{\omega}_\psi = \begin{pmatrix} 0 \\ 0 \\ \dot{\psi} \end{pmatrix}. \tag{8.43}$$

Es ergibt sich für die körperfesten Komponenten von $\vec{\omega}$ durch Addition der Komponenten:

$$\vec{\omega} = \begin{pmatrix} \omega_1 \\ \omega_2 \\ \omega_3 \end{pmatrix} = \begin{pmatrix} \dot{\varphi} \sin\vartheta \sin\psi \\ \dot{\varphi} \sin\vartheta \cos\psi \\ \dot{\varphi} \cos\vartheta \end{pmatrix} + \begin{pmatrix} +\cos\psi \, \dot{\vartheta} \\ -\sin\psi \, \dot{\vartheta} \\ \dot{\psi} \end{pmatrix}. \tag{8.44}$$

8.6 Die Lagrangegleichungen des starren Körpers

Mit den geleisteten Vorarbeiten ist die Aufstellung der Lagrangefunktion einfach. Für einen symmetrischen Kreisel mit $\lambda_1 = \lambda_2$, dessen körperfestes Koordinatensystem mit den Hauptträgheitsachsen zusammenfällt, ergibt sich nach kurzer Rechnung:

$$T_{\text{rot}} = \frac{1}{2}\sum_{i,j} I_{ij}\omega_i\omega_j = \frac{1}{2}\sum_i \lambda_i \omega_i^2 = \frac{\lambda_1}{2}(\dot{\varphi}^2 \sin^2\vartheta + \dot{\vartheta}^2) + \frac{\lambda_3}{2}(\dot{\varphi}\cos\vartheta + \dot{\psi})^2. \tag{8.45}$$

Beispiel Ein beliebtes Beispiel für die Anwendung des Lagrangeformalismus ist der symmetrische Kreisel im homogenen Schwerkraftfeld, bei dem ein vom Schwerpunkt verschiedener Punkt auf der Symmetrieachse festgehalten wird. Ein solcher Kreisel heißt **schwerer Kreisel**.

Die Nullpunkte des raumfesten und des körperfesten Koordinatensystems werden nach Abb. 8.4 in den Unterstützungspunkt des Kreisels gelegt. Mit der potentiellen Energie $U = mgl\cos\vartheta$ lautet die Lagrangefunktion dann nach (8.45)

$$L = T - U = \frac{\lambda_1}{2}(\dot{\varphi}^2 \sin^2\vartheta + \dot{\vartheta}^2) + \frac{\lambda_3}{2}(\dot{\varphi}\cos\vartheta + \dot{\psi})^2 - mgl\cos\vartheta. \tag{8.46}$$

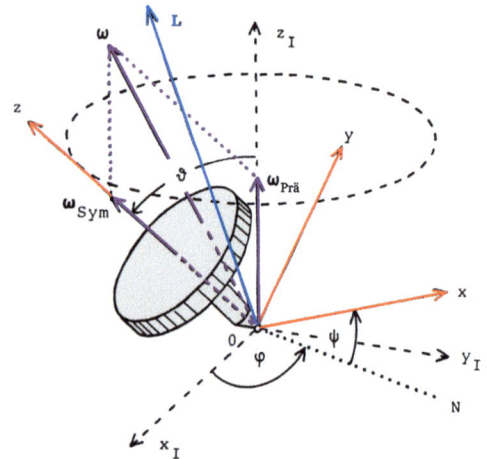

Abb. 8.4 Rotation eines schweren Kreisels (siehe Text)

8.6 Die Lagrangegleichungen des starren Körpers

Dabei sind $\lambda_1 = \lambda_2, \lambda_3$ die Hauptträgheitsmomente für Drehungen um den Unterstützungspunkt, m die Masse des Kreisels und l der Abstand des Schwerpunktes vom Unterstützungspunkt.

Es folgt: Die Winkel φ, ψ, die die Drehungen um die z_I- und die z-Achse beschreiben, sind zyklisch und ihre Impulse sind Erhaltungsgrößen:

$$p_\varphi = \frac{\partial L}{\partial \dot{\varphi}} = \lambda_1 \sin^2 \vartheta \dot{\varphi} + \lambda_3 (\dot{\varphi} \cos \vartheta + \dot{\psi}) \cos \vartheta = \text{const.} \tag{8.47}$$

p_φ ist die raumfeste z_I-Komponente des Drehimpulses $\vec{L}$ und

$$p_\psi = \frac{\partial L}{\partial \dot{\psi}} = \lambda_3 (\dot{\varphi} \cos \vartheta + \dot{\psi}) = \lambda_3 \omega_3 = \text{const.} \tag{8.48}$$

Im allgemeinen Fall des nichtsymmetrischen Kreisels mit $\lambda_1 \neq \lambda_2 \neq \lambda_3$ erhalten wir die Lagrangefunktion L durch Einsetzen von (8.44) in (8.45), was allerdings zu etwas längeren Ausdrücken führt. Da L dann von den Winkeln ϑ, ψ und den Zeitableitungen $\dot{\varphi}, \dot{\vartheta}, \dot{\psi}$ explizit abhängt, ist nur noch die Variable φ zyklisch, wenn das Potential nicht von φ abhängt, d. h. $U \neq U(\varphi)$. Entsprechend variationsreich sind dann die Lösungen der Lagrange-Bewegungsgleichungen.

Zusammenfassend haben wir in diesem Kapitel Anwendungen des Lagrange-Formalismus auf die Bewegung starrer Körper vorgestellt, die auf die Definition eines Trägheitstensors führen. Die Eigenvektoren und Eigenwerte dieses Tensors definieren die Hauptträgheitsachsen bzw. die Hauptträgheitsmomente. Aus der Lagrange-Funktion für den starren Körper haben wir die Euler'schen Bewegungsgleichungen abgeleitet und diese für den Fall eines symmetrischen schweren Kreisels gelöst.

Dynamik im Phasenraum 9

Inhaltsverzeichnis

- 9.1 Zeitliche Änderung einer Observablen 166
- 9.2 Eigenschaften der Poisson Klammern 167
- 9.3 Kanonische Transformationen 169
  - 9.3.1 Punkttransformationen 170
  - 9.3.2 Beispiele 171
- 9.4 Erweiterte kanonische Transformationen 173
  - 9.4.1 Erzeugende der kanonischen Transformationen 176
  - 9.4.2 Die erzeugenden Funktionen im Überblick 181
  - 9.4.3 Kanonische Invarianten 183
  - 9.4.4 Kriterien für kanonische Transformationen 185
- 9.5 Theorem von Liouville 187

Obwohl der Lagrange-Formalismus eine bequeme Methode ist um komplexe Probleme anzugehen, ist es vorteilhaft, die Dynamik in Phasenraum-Variablen, d.h. in verallgemeinerten Koordinaten und verallgemeinerten Impulsen zu formulieren. In diesem Fall wird die zeitliche Entwicklung einer beobachtbaren Größe, die nicht explizit von der Zeit abhängt, durch Poisson-Klammern beschrieben, welche durch die Ableitung der beobachtbaren Größe und der Hamilton-Funktion in Bezug auf die Phasenraum-Variablen bestimmt werden. Die elementare Poisson-Klammer zwischen verallgemeinerten Koordinaten und verallgemeinerten Impulsen erweist sich für assoziierte Paare als ‚Eins', und ihre zeitliche Entwicklung wird durch die Poisson-Klammer mit der Hamilton-Funktion, d.h. durch die kanonischen Bewegungsgleichungen gegeben. Die Poisson-Klammern erlauben somit eine algebraische Formulierung der Dynamik.

Die Wahl der verallgemeinerten Koordinaten ist jedoch nicht eindeutig, und umkehrbare Transformationen zwischen den Koordinaten sind ebenfalls zulässig. Allerdings sind nicht alle Transformationen sinnvoll, da einige Transformationen zu Bewegungsgleichungen führen können, die nicht mehr kanonisch sind. Zulässige Transformationen sind dann durch Punkttransformationen und erweiterte kanonische Transformationen gegeben, die die Bewegungsgleichungen kanonisch invariant halten. Darüber hinaus wird gezeigt, daß die elementaren Poisson-Klammern gegenüber kanonischen Transformationen invariant sind, so daß eine Formulierung der klassischen Mechanik erreicht wird, die unabhängig von der Wahl der verallgemeinerten Koordinaten ist. Dies ebnet den Weg zur Quantenmechanik, in der die Poisson-Klammern durch Kommutatoren von Operatoren in einem abstrakten Hilbertraum ersetzt werden. Dies führt auch zu einer stringenten Formulierung der statistischen Mechanik, bei der das physikalische System – im Gleichgewicht – durch Gesamtheiten (Ensembles) beschrieben wird, deren Eigenschaften durch Erwartungswerte erhaltener Größen und deren Schwankungen definiert sind.

9.1 Zeitliche Änderung einer Observablen

Wir wollen versuchen, die zeitliche Änderung einer Observablen

$$F = F(q_i, p_i; t) \tag{9.1}$$

des betrachteten Systems, wie z. B. der Energie, des Impulses, des magnetischen Moments in einem äußeren Feld, ‚direkt' zu berechnen. Dazu bilden wir

$$\frac{dF}{dt} = \sum_{i=1}^{s} \left(\frac{\partial F}{\partial q_i} \dot{q}_i + \frac{\partial F}{\partial p_i} \dot{p}_i \right) + \frac{\partial F}{\partial t} \tag{9.2}$$

und benutzen die kanonischen Gleichungen:

$$\frac{dF}{dt} = \sum_{i=1}^{s} \left(\frac{\partial F}{\partial q_i} \frac{\partial H}{dp_i} - \frac{\partial F}{\partial p_i} \frac{\partial H}{dq_i} \right) + \frac{\partial F}{\partial t}. \tag{9.3}$$

Gl. (9.3) läßt sich mit Hilfe der **Poisson Klammer,** definiert durch:

$$\{u, v\} = \sum_{i=1}^{s} \left(\frac{\partial u}{\partial q_i} \frac{\partial v}{dp_i} - \frac{\partial u}{\partial p_i} \frac{\partial v}{dq_i} \right), \tag{9.4}$$

9.2 Eigenschaften der Poisson Klammern

schreiben als:

$$\frac{dF}{dt} = \{F, H\} + \frac{\partial F}{\partial t}. \tag{9.5}$$

Spezialfälle

i) $F = H$, dann wird

$$\frac{dH}{dt} = \frac{\partial H}{\partial t} = 0, \tag{9.6}$$

falls H nicht explizit von der Zeit t abhängt, d.h. für ein abgeschlossenes System ist $H = $ const.

ii) **Kanonische Gleichungen**

Für $F = q_i$ wird:

$$\dot{q}_i = \{q_i, H\} = \frac{\partial H}{\partial p_i}, \tag{9.7}$$

da

$$\frac{\partial q_i}{\partial q_j} = \delta_{ij}; \qquad \frac{\partial q_i}{\partial p_j} = 0. \tag{9.8}$$

Ebenso wird für $F = p_i$:

$$\dot{p}_i = \{p_i, H\} = -\frac{\partial H}{\partial q_i}, \tag{9.9}$$

wegen

$$\frac{\partial p_i}{\partial p_j} = \delta_{ij}; \qquad \frac{\partial p_i}{\partial q_j} = 0. \tag{9.10}$$

9.2 Eigenschaften der Poisson Klammern

Die in (9.4) definierten Poisson Klammern sind über das Problem der zeitlichen Änderung einer Observablen hinaus von Bedeutung, da sie erlauben die klassische Mechanik in einer Form darzustellen, welche den Zusammenhang mit der Quantenmechanik besonders klar aufzeigt. Wir geben daher im Folgenden eine Reihe wichtiger Regeln für den Umgang mit Poisson-Klammern an, die die Berechnung von Klammerausdrücken erleichtern:

i) **Antisymmetrie**
$$\{u, v\} = -\{v, u\} \tag{9.11}$$

ii) **Linearität**
$$\{u, v + w\} = \{u, v\} + \{u, w\} \tag{9.12}$$

iii) **Produktregel**
$$\{u, vw\} = v\{u, w\} + \{u, v\}w \tag{9.13}$$

iv) **Jacobi Identität**
$$\{u, \{v, w\}\} + \{v, \{w, u\}\} + \{w, \{u, v\}\} = 0. \tag{9.14}$$

Die Beweise zu (9.11)–(9.14) ergeben sich direkt aus der Definition (9.4) und den Standard-Regeln der Differentiation.

Beispiele:

1.) **Kanonisch-konjugierte Variable]** q_i, p_i zeichnen sich dadurch aus, daß

$$\{q_i, q_j\} = 0; \qquad \{p_i, p_j\} = 0; \qquad \{q_i, p_j\} = \delta_{ij}. \tag{9.15}$$

2.) **Drehimpuls:** Für die Komponenten des Drehimpulses gilt:

$$\{L_1, L_2\} = L_3; \qquad \{L_3, L_1\} = L_2; \qquad \{L_2, L_3\} = L_1, \tag{9.16}$$

wie man leicht unter Verwendung von (9.15) nachweist. Das quantenmechanische Analogon zu (9.16) ist die Basis der Quantisierung des Drehimpulses!

3.) **Erhaltungsgrößen:** Wenn eine Observable G nicht explizit von der Zeit t abhängt, so wird
$$\frac{dG}{dt} = \{G, H\} = 0, \tag{9.17}$$
also $G = $ const, falls $\{G, H\} = 0$.

Die Bedeutung der Poisson-Klammern liegt darin, daß sie eine algebraische Formulierung der Dynamik von physikalischen Systemen bieten und einen formalen ‚Einstieg' in die Quantenmechanik erlauben, in der die konjugierten Variablen (q_l, p_l) durch **Operatoren** in einem abstrakten **Hilbertraum** ersetzt werden (siehe Quantenmechanik).

4.) **Der harmonische Oszillator:**
Eine vollständige algebraische Lösung ist z. B. für den harmonischen Oszillator möglich, d.h. für die Hamiltonfunktion
$$H(q, p) = \frac{p^2}{2m} + \frac{m}{2}\omega_0^2 q^2. \tag{9.18}$$
Mit (9.7) ergibt sich $\dot{q}$ unter Verwendung von (9.15) zu:
$$\dot{q} = \{q, H\} = \left\{q, \frac{p^2}{2m} + \frac{m}{2}\omega_0^2 q^2\right\} = \frac{1}{2m}\{q, p^2\}$$
$$= \frac{1}{2m}(p\{q, p\} + \{q, p\}p) = \frac{1}{2m}(p + p) = \frac{p}{m} \tag{9.19}$$
und $\dot{p}$ zu:
$$\dot{p} = \{p, H\} = \left\{p, \frac{p^2}{2m} + \frac{m}{2}\omega_0^2 q^2\right\} = \frac{m\omega_0^2}{2}\{p, q^2\}$$
$$= \frac{m\omega_0^2}{2}(q\{p, q\} + \{p, q\}q) = \frac{m\omega_0^2}{2}(-q - q) = -m\omega_0^2 q. \tag{9.20}$$
Zusammen:
$$\ddot{q} = \frac{\dot{p}}{m} = -\omega_0^2 q \text{ oder } \ddot{q} + \omega_0^2 q = 0, \tag{9.21}$$
d. h. eine Schwingungsgleichung mit der Frequenz ω_0.

9.3 Kanonische Transformationen

Wir wollen nun untersuchen, unter welchen Bedingungen bei einer Transformation der $2s$ Koordinaten eines physikalischen Systems die Lagrange-Gleichungen und kanonischen Bewegungsgleichungen sich nicht ändern, d. h. **forminvariant** sind.

9.3.1 Punkttransformationen

Bei der Formulierung der Lagrange-Dynamik hatten wir generalisierte Koordinaten q_l eingeführt, welche die an das System gestellten Zwangsbedingungen identisch erfüllen. Die Wahl der generalisierten Koordinaten q_l ist jedoch bei Vielteilchensystemen keineswegs eindeutig und man kann verschiedenen Koordinatensysteme wählen. Die Frage stellt sich daher, ob die Dynamik invariant unter **Punkttransformationen**

$$q_i \to Q_i(q_l; t), \qquad l = 1, .., s \qquad (9.22)$$

formuliert werden kann. Als ein Beispiel für eine solche Punkttransformation sei noch einmal die Transformation von kartesischen Koordinaten auf Kugelkoordinaten aufgeführt:

$$\begin{pmatrix} x \\ y \\ z \end{pmatrix} \to \begin{pmatrix} r(x,y,z) \\ \vartheta(x,y,z) \\ \varphi(x,y,z) \end{pmatrix}. \qquad (9.23)$$

Andererseits ist man daran interessiert, einen **optimalen** Satz von Koordinaten Q_j zu finden, in denen **alle zyklischen Variablen des Systems** unmittelbar auftreten.

Wir zeigen nun, daß die Lagrange-Gleichungen in der Tat unter Punkttransformationen (9.22), d.h.

$$L(q_i, \dot{q}_i; t) \to L'(Q_i, \dot{Q}_i; t) = L(q_i(Q_j, t), \dot{q}_i(Q_j, \dot{Q}_j, t); t) \qquad (9.24)$$

forminvariant sind in dem Sinne:

$$\frac{d}{dt}\frac{\partial L}{\partial \dot{q}_i} - \frac{\partial L}{\partial q_i} = 0 \iff \frac{d}{dt}\frac{\partial L'}{\partial \dot{Q}_j} - \frac{\partial L'}{\partial Q_j} = 0. \qquad (9.25)$$

Zum Beweis berechnen wir

$$\frac{\partial L'}{\partial Q_j} = \sum_{i=1}^{s} \frac{\partial L}{\partial q_i} \frac{\partial q_i}{\partial Q_j} = \sum_{i=1}^{s} a_{ij} \frac{\partial L}{\partial q_i} \qquad (9.26)$$

mit der $s \times s$ Transformations-Matrix

$$a_{ij} = \frac{\partial q_i}{\partial Q_j}. \qquad (9.27)$$

Für den Impuls P_j erhalten wir analog mit (9.27)

$$P_j = \frac{\partial L'}{\partial \dot{Q}_j} = \sum_{i=1}^{s} \frac{\partial L}{\partial \dot{q}_i} \frac{\partial \dot{q}_i}{\partial \dot{Q}_j} = \sum_{i=1}^{s} p_i \frac{\partial \dot{q}_i}{\partial \dot{Q}_j} = \sum_{i=1}^{s} p_i \frac{\partial q_i}{\partial Q_j} = \sum_{i=1}^{s} a_{ij} \, p_i, \qquad (9.28)$$

9.3 Kanonische Transformationen

d. h. mit (9.26)

$$\frac{d}{dt}P_j = \sum_{i=1}^{s} a_{ij}\frac{d}{dt}p_i = \frac{\partial L'}{\partial Q_j} = \sum_{i=1}^{s} a_{ij}\frac{\partial L}{\partial q_i}. \tag{9.29}$$

Die Forminvarianz folgt nun daraus, daß die Lagrange-Gleichungen in den Koordinaten q_l and Q_j durch Multiplikation mit einer invertierbaren $s \times s$ Matrix $(a)_{ij}$ auseinander hervorgehen, deren Determinante $\neq 0$ ist.

Für die Hamiltonfunktion $H'(Q_i, P_i; t)$ erhalten wir

$$H(q_i, p_i; t) \to H'(Q_i, P_i; t) = \sum_i \dot{Q}_i P_i - L'(Q_i, \dot{Q}_i; t) \tag{9.30}$$

und nach dem Variationsprinzip (7.85) die Bewegungsgleichungen

$$\dot{Q}_i = \frac{\partial H'}{\partial P_i}; \qquad \dot{P}_i = -\frac{\partial H'}{\partial Q_i}. \tag{9.31}$$

Offensichtlich ist die Form der Bewegungsgleichungen (9.31) invariant unter einer Punkttransformation der Form (9.22).

9.3.2 Beispiele

Freies Teilchen in der Ebene

Wir beschränken uns – für ein freies Teilchen der Masse m – auf die Transformation in der (x, y)-Ebene, d. h. $\dot{z} = 0$:

$$q_i = \begin{pmatrix} x \\ y \\ z \end{pmatrix} \to Q_i = \begin{pmatrix} r\cos\varphi \\ r\sin\varphi \\ z \end{pmatrix}. \tag{9.32}$$

Die Lagrangefunktion L geht dann über in

$$L = \frac{m}{2}(\dot{x}^2 + \dot{y}^2) \to L'(\dot{x}(r, \varphi, z, \dot{r}, \dot{\varphi}, \dot{z}), \dot{y}(r, \varphi, z, \dot{r}, \dot{\varphi}, \dot{z}); t) \tag{9.33}$$

und wir erhalten mit

$$\dot{x} = \dot{Q}_1 = \frac{d}{dt}(r\cos\varphi) = \dot{r}\cos\varphi - r\dot{\varphi}\sin\varphi, \tag{9.34}$$

$$\dot{y} = \dot{Q}_2 = \frac{d}{dt}(r \sin \varphi) = \dot{r} \sin \varphi + r\dot{\varphi} \cos \varphi \qquad (9.35)$$

die Lagrangefunktion

$$L' = \frac{m}{2}(\dot{r}^2 + r^2 \dot{\varphi}^2) = L'(Q_i, \dot{Q}_i; t). \qquad (9.36)$$

Die Impulse $P_i = \partial L'/\partial \dot{Q}_i$ ergeben sich zu

$$P_r = \frac{\partial L'}{\partial \dot{r}} = m\dot{r}, \qquad P_\varphi = \frac{\partial L'}{\partial \dot{\varphi}} = mr^2 \dot{\varphi}. \qquad (9.37)$$

Für die Hamiltonfunktion H' folgt nach (9.30)

$$H' = \dot{r} P_r + \dot{\varphi} P_\varphi - L'(\dot{r}, r, \dot{\varphi}) = \frac{P_r^2}{2m} + \frac{P_\varphi^2}{2mr^2}. \qquad (9.38)$$

Die Bewegungsgleichungen lauten nach (9.31)

$$\dot{r} = \frac{\partial H'}{\partial P_r} = \frac{P_r}{m}; \quad \dot{\varphi} = \frac{\partial H'}{\partial P_\varphi} = \frac{P_\varphi}{mr^2}; \quad \dot{P}_r = -\frac{\partial H'}{\partial r} = \frac{P_\varphi^2}{mr^3}; \quad \dot{P}_\varphi = -\frac{\partial H'}{\partial \varphi} = 0, \qquad (9.39)$$

d. h. die Variable φ ist zyklisch.

Freies Teilchen im rotierenden Bezugssystem

Das Teilchen der Masse m bewege sich weiterhin in einem System, welches zusätzlich mit der Winkelgeschwindigkeit ω um die z-Achse rotiert. Als neue Koordinaten führen wir ein:

$$r \to R = r; \qquad \varphi \to \Phi = \varphi + \omega t, \qquad (9.40)$$

wobei die neue Koordinate Φ jetzt explizit von der Zeit t abhängt. Die Lagrangefunktion $L''(R, \dot{R}, \Phi, \dot{\Phi}; t)$ folgt dann mit

$$\dot{R} = \dot{r}; \qquad \dot{\Phi} = \dot{\varphi} + \omega \qquad (9.41)$$

nach (9.36):

$$L''(R, \dot{R}, \Phi, \dot{\Phi}; t) = \frac{m}{2}(\dot{R}^2 + R^2(\dot{\Phi} - \omega)^2). \qquad (9.42)$$

Mit den Impulsen

$$P_r = \frac{\partial L''}{\partial \dot{R}} = m\dot{R}, \qquad P_\Phi = \frac{\partial L''}{\partial \dot{\Phi}} = mR^2(\dot{\Phi} - \omega) \qquad (9.43)$$

ergibt sich die neue Hamiltonfunktion H''

$$H'' = \dot{R} P_R + \dot{\Phi} P_\Phi - L''(\dot{R}, R, \dot{\Phi}) = \frac{P_R^2}{2m} + \frac{P_\Phi^2}{2mR^2} + \omega P_\Phi. \qquad (9.44)$$

Hinweis: Mit (9.44) wird aus dem Zusatzterm ωP_Φ ersichtlich, daß aus

$$L'(Q_i, \dot{Q}_i; t) = L(q_i(Q_i; t), \dot{q}_i(Q_i, \dot{Q}_i; t); t) \tag{9.45}$$

im allg. **nicht folgt**, daß die Hamiltonfunktion H' aus H durch Einsetzen von $q(Q_i, P_i; t)$, $p(Q_i, P_i; t)$ berechnet werden kann, d. h. in der Regel ist bei explizit zeitabhängigen Transformationen

$$H'(Q_i, P_i; t) \neq H(q_i(Q_i, P_i; t), p_i(Q_i, P_i; t); t). \tag{9.46}$$

Als Bewegungsgleichungen für das freie Teilchen im rotierenden Bezugssystem folgen mit der Hamiltonfunktion (9.44):

$$\dot{R} = \frac{\partial H''}{\partial P_R} = \frac{P_R}{m}; \quad \dot{\Phi} = \frac{\partial H''}{\partial P_\Phi} = \frac{P_\Phi}{mR^2} + \omega; \quad \dot{P}_R = -\frac{\partial H''}{\partial R} = \frac{P_\Phi^2}{mR^3}; \quad \dot{P}_\Phi = -\frac{\partial H''}{\partial \Phi} = 0, \tag{9.47}$$

womit sich die Variable Φ in diesem Fall als zyklisch erweist.

9.4 Erweiterte kanonische Transformationen

Bisher haben wir Punkttransformationen der Form (9.22) betrachtet, die lediglich eine Transformation der Koordinaten q_i beinhalten. In der Hamiltonfunktion $H(q_i, p_i; t)$ sind jedoch die Variablen q_i und p_i unabhängige (gleichberechtigte) Variablen, so daß wir allgemeine Transformationen der Form

$$\begin{pmatrix} q_i \\ p_i \end{pmatrix} \rightarrow \begin{pmatrix} Q_i(q_j, p_j; t) \\ P_i(q_j, p_j; t) \end{pmatrix} \tag{9.48}$$

untersuchen müssen.

Beispiel: Die erweiterte Transformation

$$\begin{pmatrix} q_i \\ p_i \end{pmatrix} \rightarrow \begin{pmatrix} Q_i \\ P_i \end{pmatrix} = \begin{pmatrix} -p_i \\ q_i \end{pmatrix}, \tag{9.49}$$

welche generalisierte Koordinaten und Impulse vertauscht, ist kanonisch, da mit $H(q_i, p_i; t)$ die Hamiltonfunktion $H'(Q_i, P_i; t)$ gegeben ist durch

$$H'(Q_i, P_i; t) = H(P_i, -Q_i; t). \tag{9.50}$$

Es folgen die kanonischen Bewegungsgleichungen

$$\frac{\partial H'(Q_j, P_j; t)}{\partial P_i} = \frac{\partial H(P_j, -Q_j; t)}{\partial P_i} = \frac{\partial H(q_j, p_j; t)}{\partial q_i} = -\dot{p}_i = \dot{Q}_i; \tag{9.51}$$

$$\frac{\partial H'(Q_j, P_j; t)}{\partial Q_i} = \frac{\partial H(P_j, -Q_j; t)}{\partial Q_i} = -\frac{\partial H(q_j, p_j; t)}{\partial p_i} = -\dot{q}_i = -\dot{P}_i, \qquad (9.52)$$

womit die Forminvarianz der kanonischen Bewegungsgleichungen unter der Transformation (9.49) gezeigt ist.

Das Beispiel verdeutlicht, daß generalisierte Koordinaten und generalisierte Impulse ‚austauschbar' und damit ‚gleichberechtigt' sind. Beide Freiheitsgrade werden zu ‚abstrakten' Koordinaten, in denen sich die Hamiltonfunktion auf dem $2s$-dimensionalen Phasenraum darstellen läßt.

Die allgemeine Variablentransformation (9.48) sei durch eine Transformation $T(q_j, p_j; t)$ beschrieben, die beliebig, aber invertierbar sein soll, d.h. die inverse Abbildung $T^{-1}(P_i, Q_i; t)$ liefert

$$\begin{pmatrix} Q_i \\ P_i \end{pmatrix} \to \begin{pmatrix} q_i(Q_j, P_j; t) \\ p_i(Q_j, P_j; t) \end{pmatrix}. \qquad (9.53)$$

Das Problem bei allgemeinen invertierbaren Transformationen T besteht jedoch darin, daß die Lagrangegleichungen nicht mehr forminvariant sind. Ebenso sind auch die Hamilton'schen Gleichungen nicht mehr forminvariant, d.h. von der Gestalt (9.31). Wir müssen daher nach Einschränkungen an die Transformation T suchen, welche die Forminvarianz generell gewährleisten.

Zunächst **definieren** wir geeignete Transformationen wie folgt: Wir nennen eine Transformation T **kanonisch im weiteren Sinne,** wenn für alle Hamiltonfunktionen $H(q_i, p_i; t)$ eine Funktion $H'(Q_i, P_i; t)$ in den neuen Variablen P_i, Q_i existiert, so daß die Bewegungsgleichungen forminvariant sind.

Um geeignete Bedingungen für solche Transformationen zu finden, gehen wir zurück auf das Variationsprinzip (7.85), wobei die Variationen

$$\delta S = \delta \int_{t_1}^{t_2} \left(\sum_{i=1}^{s} \dot{q}_i p_i - H(q_i, p_i; t) \right) dt = 0$$

$$= \delta \int_{t_1}^{t_2} \left(\sum_{i=1}^{s} \dot{Q}_i P_i - H'(Q_i, P_i; t) \right) dt \qquad (9.54)$$

an den beliebigen Intervallsgrenzen t_1, t_2 verschwinden. Es sei daran erinnert, daß das Variationsproblem (9.54) gerade auf die Hamilton'schen (kanonischen) Bewegungsgleichungen führt. Dieser Zusammenhang wird direkt ersichtlich, wenn wir zu der tatsächlichen Bahn $(q_i(t), p_i(t))$ beliebige Nachbarbahnen $(q_i(t) + \epsilon \eta_i(t), p_i(t) + \epsilon \kappa_i(t))$ betrachten, wobei die Funktionen η_i und κ_i linear unabhängig sein müssen, da auch die q_i, p_i linear unabhängig sind. Die Ableitung der Wirkung $S(\epsilon)$ nach ϵ führt (im Limes $\epsilon \to 0$) auf:

9.4 Erweiterte kanonische Transformationen

$$\frac{dS}{d\epsilon} = \int_{t_1}^{t_2} \frac{d}{d\epsilon} \left(\sum_{i=1}^{s} [\dot{q}_i + \epsilon \dot{\eta}_i][p_i + \epsilon \kappa_i] - H(q_i + \epsilon \eta_i, p_i + \epsilon \kappa_i; t) \right) dt$$

$$= \int_{t_1}^{t_2} \left(\sum_{i=1}^{s} \dot{\eta}_i p_i + \dot{q}_i \kappa_i - \frac{\partial H}{\partial q_i} \eta_i - \frac{\partial H}{\partial p_i} \kappa_i \right) dt. \tag{9.55}$$

Nach partieller Integration des Terms mit $\dot{\eta}_i$ und Beachtung der Randbedingungen ($\eta_i(t_1) = \eta_i(t_2) = 0$) an den Integrationsgrenzen erhalten wir

$$\frac{dS}{d\epsilon} = \int_{t_1}^{t_2} \left(\sum_{i=1}^{s} [-\eta_i \dot{p}_i] + \dot{q}_i \kappa_i - \frac{\partial H}{\partial q_i} \eta_i - \frac{\partial H}{\partial p_i} \kappa_i \right) dt$$

$$= \int_{t_1}^{t_2} \sum_{i=1}^{s} \left[\left(-\dot{p}_i - \frac{\partial H}{\partial q_i} \right) \eta_i + \left(\dot{q}_i - \frac{\partial H}{\partial p_i} \right) \kappa_i \right] dt = 0. \tag{9.56}$$

Da die Funktionen η_i, κ_i beliebig und linear unabhängig sind, müssen die Koeffizienten in den (..) selbst verschwinden, was gerade auf die kanonischen Bewegungsgleichungen (9.31) in den Variabeln (q_i, p_i) führt.

Wir kommen nun zurück auf Gl. (9.54). Wegen der verschwindenden Variation an den Integrationsgrenzen unterscheiden sich dann die Integranden – abgesehen von einer unbedeutenden Konstanten c – lediglich um ein totales Zeitdifferential einer beliebigen, stetig differenzierbaren Funktion F in den Variablen $q_i, p_i, Q_i, P_i; t$; explizit:

$$\left(\sum_{i=1}^{s} \dot{q}_i p_i - H(q_i, p_i; t) \right) = c \left(\sum_{i=1}^{s} \dot{Q}_i P_i - H'(Q_i, P_i; t) \right) + \frac{d}{dt} F(q_i, p_i, Q_i, P_i; t), \tag{9.57}$$

da bei der Variation die Endpunkte festgehalten werden, d.h.

$$\delta \int_{t_1}^{t_2} dt \frac{dF}{dt} = \delta(F(t_1) - F(t_2)) = 0. \tag{9.58}$$

Nach diesen vorbereitenden Bemerkungen **definieren** wir nun eine Transformation als **kanonisch,** wenn die Konstante $c=1$ ist, d.h. wenn für eine beliebige Hamiltonfunktion $H(q_i, p_i; t)$ eine Hamiltonfunktion $H'(P_i, Q_i; t)$ existiert mit der Eigenschaft:

$$\sum_{i=1}^{s} (\dot{q}_i p_i - P_i \dot{Q}_i) - H(q_i, p_i; t) + H'(Q_i, P_i; t) = \frac{d}{dt} F(q_i, p_i, Q_i, P_i; t). \tag{9.59}$$

9.4.1 Erzeugende der kanonischen Transformationen

Die in (9.59) eingeführte Funktion $F(q_i, p_i, Q_i, P_i; t)$ ist eine beliebige (stetig differenzierbare) Funktion von $4s + 1$ Variablen, von denen aber nur $2s + 1$ linear unabhängig sind, da die Anzahl der Freiheitsgrade des Systems s beträgt und wir für jeden Freiheitsgrad 2 unabhängige Variablen benötigen; die Zeit t ist ein zusätzlicher Parameter. Es gibt also – bis auf Linearkombinationen – nur 6 unterschiedliche Klassen von **erzeugenden Funktionen** mit jeweils $2s + 1$ unabhängigen Variablen:

$$F_1(q_i, Q_i; t), \ F_2(q_i, P_i; t), \ F_3(p_i, Q_i; t), \ F_4(p_i, P_i; t), \ F_5(q_i, p_i; t), \ F_6(Q_i, P_i; t). \quad (9.60)$$

Von diesen Funktionen ist F_5 eine Funktion der Variablen (q_i, p_i) allein, so daß wir (9.59) schreiben können in der Form

$$\left(\sum_{i=1}^{s} \dot{q}_i p_i - H(q_i, p_i; t) \right) - \left(\sum_{i=1}^{s} P_i \dot{Q}_i - H'(Q_i, P_i; t) \right) = \frac{d}{dt} F_5(q_i, p_i; t)$$

$$= \sum_{i=1}^{s} \left(\dot{q}_i \frac{\partial F_5}{\partial q_i} + \dot{p}_i \frac{\partial F_5}{\partial p_i} \right) + \frac{\partial F_5}{\partial t}. \quad (9.61)$$

Die Zeitableitung in der Koordinate Q_i können wir umschreiben unter Verwendung der funktionalen Abhängigkeit von den $(q_i, p_i; t)$,

$$\dot{Q}_i = \sum_{k=1}^{s} \left(\frac{\partial Q_i}{\partial q_k} \dot{q}_k + \frac{\partial Q_i}{\partial p_k} \dot{p}_k \right) + \frac{\partial Q_i}{\partial t} \quad (9.62)$$

und erhalten aus (9.61)

$$\sum_{i=1}^{s} \dot{q}_i p_i - \sum_{k=1}^{s} P_k \left(\sum_{i=1}^{s} \left[\frac{\partial Q_k}{\partial q_i} \dot{q}_i + \frac{\partial Q_k}{\partial p_i} \dot{p}_i \right] + \frac{\partial Q_k}{\partial t} \right) - H(q_i, p_i; t) + H'(Q_i, P_i; t)$$

$$= \sum_{i} \left(\dot{q}_i \frac{\partial F_5}{\partial q_i} + \dot{p}_i \frac{\partial F_5}{\partial p_i} \right) + \frac{\partial F_5}{\partial t}. \quad (9.63)$$

Da nach Voraussetzung die q_i, p_i linear unabhängig sind, müssen auch die $\dot{q}_i, \dot{p}_i$ linear unbhängig sein und damit die Koeffizienten der Terme $\sim \dot{q}_i$ und $\sim \dot{p}_i$ identisch verschwinden. Wir erhalten dann durch Koeffizientenvergleich:

$$p_i - \sum_{k=1}^{s} P_k \frac{\partial Q_k}{\partial q_i} = \frac{\partial F_5}{\partial q_i}, \quad (9.64)$$

9.4 Erweiterte kanonische Transformationen

$$-\sum_{k=1}^{s} P_k \frac{\partial Q_k}{\partial p_i} = \frac{\partial F_5}{\partial p_i}, \tag{9.65}$$

$$H' = H + \sum_{k=1}^{s} P_k \frac{\partial Q_k}{\partial t} + \frac{\partial F_5}{\partial t}. \tag{9.66}$$

Die Gl. (9.64), (9.65) stellen ein System von gekoppelten Gleichungen (der Dimension $2s$) dar, welches nach den $P_k(q_i, p_i; t)$, $Q_k(q_i, p_i; t)$ aufzulösen ist. Die gesuchte Hamiltonfunktion $H'(Q_k, P_k; t)$ folgt dann aus (9.66) durch Einsetzen der Lösungen $P_k(q_i, p_i; t)$, $Q_k(q_i, p_i; t)$, wobei die partielle Zeitableitung von F_5 noch beliebig gewählt werden kann. Die **erzeugende Funktion** F_5 generiert somit unendlich viele kanonische Transformationen! Ohne expliziten Beweis sei bemerkt, daß dieser Sachverhalt auch für die Erzeugende $F_6(Q_i, P_i; t)$ gilt, da sie ebenfalls eine Funktion der konjugierten Variablen Q_i, P_i ist. Die Auflösung des gekoppelten Gleichungssystems (9.64), (9.65) ist jedoch recht aufwändig, da alle Gleichungen die gesuchten Funktionen P_k und Q_k in nichttrivialer Weise enthalten.

Wir untersuchen daher im Folgenden die Funktionen $F_1, .., F_4$ und beginnen mit $F_1(q_i, Q_i; t)$. **Eine Transformation heißt dann kanonisch,** wenn

$$\sum_{i=1}^{s} \dot{q}_i p_i - \sum_{i=1}^{s} P_i \dot{Q}_i - H(q_i, p_i; t) + H'(Q_i, P_i; t) = \frac{dF_1}{dt}$$

$$= \sum_{i=1}^{s} \left(\dot{q}_i \frac{\partial F_1}{\partial q_i} + \dot{Q}_i \frac{\partial F_1}{\partial Q_i} \right) + \frac{\partial F_1}{\partial t}. \tag{9.67}$$

Aufgrund der linearen Unabhängigkeit der $\dot{q}_i$ und $\dot{Q}_i$ erhalten wir durch Koeffizientenvergleich

$$p_i = \frac{\partial F_1(q_i, Q_i; t)}{\partial q_i}, \tag{9.68}$$

$$P_i = -\frac{\partial F_1(q_i, Q_i; t)}{\partial Q_i}, \tag{9.69}$$

$$H' = H + \frac{\partial F_1(q_i, Q_i; t)}{\partial t}. \tag{9.70}$$

Falls die Koordinaten q_i, Q_i linear unabhängig sind, ist die Transformation auf die Koordinaten p_i, P_i **genau dann kanonisch,** falls eine Funktion $F_1(q_i, Q_i; t)$ mit den Eigenschaften (9.68), (9.69), (9.70) existiert.

Beispiel berechnen wir die Transformationsgleichungen aus der erzeugenden Funktion

$$F_1(q, Q) = -\frac{Q}{q}. \tag{9.71}$$

Nach (9.68) folgt

$$p = \frac{\partial F_1(q, Q)}{\partial q} = \frac{Q}{q^2} \tag{9.72}$$

und nach (9.69)

$$P = -\frac{\partial F_1(q, Q)}{\partial Q} = \frac{1}{q} = P(q, p). \tag{9.73}$$

Mit (9.72) ergibt sich dann

$$Q = pq^2 = Q(q, p), \tag{9.74}$$

womit das Problem der Transformationsgleichungen von den Variablen (q, p) auf die neuen Variablen (Q, P) gelöst ist.

Umkehrung: Andererseits kann man aus einer bekannten Transformation, z. B.

$$\begin{pmatrix} q \\ p \end{pmatrix} \to \begin{pmatrix} Q(q, p) \\ P(q, p) \end{pmatrix} = \begin{pmatrix} \ln p \\ -qp \end{pmatrix} \tag{9.75}$$

die Erzeugende $F_1(q, Q)$ berechnen. Gl. (9.75) ergibt sofort

$$p = \exp(Q). \tag{9.76}$$

Wir beginnen mit (9.68) und integrieren über dq, was F_1 liefert in der Form

$$F_1(q, Q; t) = \int p(q, Q)\, dq + g(Q; t) = q \exp(Q) + g(Q; t) \tag{9.77}$$

mit einer beliebigen, stetig differenzierbaren Funktion $g(Q; t)$. Mit (9.69) erhalten wir weiterhin

$$P = -\frac{\partial F_1}{\partial Q} = -q \exp(Q) + \frac{\partial g(Q; t)}{\partial Q} = -qp(q, Q), \tag{9.78}$$

woraus unmittelbar folgt:

$$\frac{\partial g(Q; t)}{\partial Q} = 0. \tag{9.79}$$

Damit ist die Erzeugende $F_1 = q \exp(Q)$ – bis auf eine unbedeutende Konstante – bestimmt.

Die **allgemeine Vorgehensweise** zur Berechnung der $Q_j(q_i, p_i; t)$ und $P_j(q_i, p_i; t)$ ist wie folgt: Bei gegebenem $F_1(q_i, Q_i; t)$ berechnet man zunächst die s Bewegungsgleichungen für die p_i durch Differentiation der Erzeugenden F_1 nach den q_i und löst die Gleichungen nach den $Q_j(q_i, p_i; t)$ auf. Sodann berechnet man die Ableitungen von F_1 formal nach den Q_j und setzt die berechneten $Q_j(q_i, p_i; t)$ in den gewonnenen Ausdruck für die P_j ein, woraus sich die Transformationen $P_j(q_i, p_i; t)$ ergeben.

9.4 Erweiterte kanonische Transformationen

Die erzeugende Funktion $F_2(q_i, P_i; t)$

Wir beginnen zunächst mit einer Funktion $\tilde{F}_2(q_i, P_i; t)$, welche die gleichen **linear unabhängigen** Variablen wie die (später zu definierende) Funktion $F_2(q_i, P_i; t)$ hat. Eine Transformation (9.48) ist dann kanonisch wenn:

$$\sum_{i=1}^{s} \dot{q}_i p_i - \sum_{i=1}^{s} P_i \dot{Q}_i - H(q_i, p_i; t) + H'(Q_i, P_i; t) = \frac{d\tilde{F}_2}{dt}$$

$$= \sum_{i=1}^{s} \left(\dot{q}_i \frac{\partial \tilde{F}_2}{\partial q_i} + \dot{P}_i \frac{\partial \tilde{F}_2}{\partial P_i} \right) + \frac{\partial \tilde{F}_2}{\partial t} =$$

$$\sum_{i=1}^{s} \left[\dot{q}_i p_i - P_i \sum_{k=1}^{s} \left(\frac{\partial Q_i}{\partial q_k} \dot{q}_k + \frac{\partial Q_i}{\partial P_k} \dot{P}_k \right) - P_i \frac{\partial Q_i}{\partial t} \right] - H(q_i, p_i; t) + H'(Q_i, P_i; t)$$

(9.80)

unter Ausnutzung der funktionalen Abhängigkeit $Q_i(q_k, P_k; t)$. Aufgrund der linearen Unabhängigkeit der $\dot{q}_i$ und $\dot{P}_i$ erhalten wir durch Koeffizientenvergleich

$$p_i = \sum_{k=1}^{s} P_k \frac{\partial Q_k}{\partial q_i} + \frac{\partial \tilde{F}_2(q_j, P_j; t)}{\partial q_i} = \frac{\partial}{\partial q_i} \left[\tilde{F}_2 + \sum_{k=1}^{s} P_k Q_k \right], \quad (9.81)$$

$$0 = \sum_{k=1}^{s} P_k \frac{\partial Q_k}{\partial P_i} + \frac{\partial \tilde{F}_2(q_j, P_j; t)}{\partial P_i} = \frac{\partial}{\partial P_i} \left[\tilde{F}_2 + \sum_{k=1}^{s} P_k Q_k \right] - Q_i, \quad (9.82)$$

$$H' = H + \sum_{i=1}^{s} P_i \frac{\partial Q_i}{\partial t} + \frac{\partial \tilde{F}_2(q_j, P_j; t)}{\partial t} = H + \frac{\partial}{\partial t} \left[\tilde{F}_2 + \sum_{k=1}^{s} P_k Q_k \right], \quad (9.83)$$

wobei wir zusätzlich die lineare Unabhängigkeit der Variablen (q_i, P_k) ausgenutzt haben, d.h. $\partial P_k/\partial q_i = 0$.

Die Gl. (9.81), (9.82), (9.83) legen nahe, eine erzeugende Funktion $F_2(q_i, P_i; t)$ zu definieren über

$$F_2(q_i, P_i; t) = \tilde{F}_2(q_i, P_i; t) + \sum_{k=1}^{s} P_k Q_k. \quad (9.84)$$

Damit lassen sich die Gl. (9.81), (9.82), (9.83) in kompakter Form schreiben:

$$p_i = \frac{\partial F_2(q_j, P_j; t)}{\partial q_i}, \quad (9.85)$$

$$Q_i = \frac{\partial F_2(q_j, P_j; t)}{\partial P_i}, \tag{9.86}$$

$$H' = H + \frac{\partial F_2(q_j, P_j; t)}{\partial t}. \tag{9.87}$$

Beispiel: Wir berechnen die Erzeugende F_2 für die Transformation

$$\begin{pmatrix} Q \\ P \end{pmatrix} = \begin{pmatrix} \ln p \\ -qp \end{pmatrix}. \tag{9.88}$$

Mit $p = -P/q$ erhalten wir durch Integration von (9.85):

$$F_2(q, P) = \int p(P, q) dq + g(P) = -P \ln q + g(P) \tag{9.89}$$

mit einer beliebigen, stetig differenzierbaren Funktion $g(P)$. Wir nutzen nun (9.86) um $g(P)$ über (9.89) zu bestimmen:

$$Q = \ln p = \frac{\partial F_2}{\partial P} = \frac{\partial [-P \ln q + g(P)]}{\partial P} = -\ln q + \frac{\partial g(P)}{\partial P}. \tag{9.90}$$

Integration von $\partial g(P)/\partial P$ über P liefert (mit $\ln(p) + \ln(q) = \ln(pq)$)

$$g(P) = \int \ln(pq) dP = \int \ln(-P) dP = P \ln(-P) - P. \tag{9.91}$$

Damit erhalten wir die Erzeugende $F_2(q, P)$ zu

$$F_2(q, P) = -P \ln q + P \ln(-P) - P = P \left(\ln(-P/q) - 1 \right). \tag{9.92}$$

Zusammenhang zwischen den Erzeugenden F_1 und F_2

Aus den Definitionsgleichungen für kanonische Transformationen (9.67) und (9.80) folgt sofort:

$$\frac{d}{dt} \left(F_1 - \tilde{F}_2 \right) = 0 \text{ oder } F_1 = \tilde{F}_2 + \text{const.}, \tag{9.93}$$

wobei die Konstante ohne Einschränkung als 0 angenommen werden kann. Mit (9.84) erhalten wir dann unter Verwendung von (9.69):

$$F_2(q_i, P_i; t) = \tilde{F}_2(q_i, P_i; t) + \sum_{k=1}^{s} P_k Q_k = F_1(q_i, P_i; t) + \sum_{k=1}^{s} \left(-\frac{\partial F_1}{\partial Q_k} \right) Q_k$$

9.4 Erweiterte kanonische Transformationen

$$= F_1(q_i, P_i; t) - \sum_{k=1}^{s} \frac{\partial F_1}{\partial Q_k} Q_k. \tag{9.94}$$

Damit erweist sich die Erzeugende F_2 als **Legendre-Transformierte von** F_1.

9.4.2 Die erzeugenden Funktionen im Überblick

Analog zur vorhergehenden Betrachtung findet man, daß auch die Erzeugenden F_3 und F_4 sich als Legendre-Transformierte von F_1 ergeben:

$$F_3(p_i, Q_i; t) = F_1(q_i, Q_i; t) - \sum_{k=1}^{s} \frac{\partial F_1}{\partial q_k} q_k, \tag{9.95}$$

während $F_4(p_i, P_i; t)$ durch eine doppelte Legendre-Transformation ensteht:

$$F_4(p_i, P_i; t) = F_1(q_i, Q_i; t) - \sum_{k=1}^{s} \left(\frac{\partial F_1}{\partial q_k} q_k + \frac{\partial F_1}{\partial Q_k} Q_k \right)$$

$$= F_1(q_i, Q_i; t) + \sum_{k=1}^{s} (P_k Q_k - p_k q_k). \tag{9.96}$$

Die aus den Forderungen (9.59) durch Koeffizientenvergleich folgenden Verknüpfungen sind in der Tab. 9.1 für die Erzeugenden $F_1, .., F_4$ zusammengestellt:

Tab. 9.1 Verknüpfung der Erzeugenden F_1, F_2, F_3, F_4 mit den Variablen p, q, P, Q

	Übersicht		
$F_1(q, Q; t)$	$p = +\partial F_1/\partial q$	$P = -\partial F_1/\partial Q$	$H' = H + \partial F_1/\partial t$
$F_2(q, P; t)$	$p = +\partial F_2/\partial q$	$Q = +\partial F_2/\partial P$	$H' = H + \partial F_2/\partial t$
$F_3(p, Q; t)$	$q = -\partial F_3/\partial p$	$P = -\partial F_3/\partial Q$	$H' = H + \partial F_3/\partial t$
$F_4(p, P; t)$	$q = -\partial F_4/\partial p$	$Q = +\partial F_4/\partial P$	$H' = H + \partial F_4/\partial t$

Bemerkung I: Aus der Tab. 9.1 folgt unmittelbar, daß bei nicht zeitabhängigen Transformationen die Hamiltonfunktion selbst eine **kanonische Invariante** ist, d. h. $H' = H$.

Bemerkung II: Alle Punkttransformationen $q_i \to Q_i(q_j; t)$ sind kanonisch, denn es gibt eine Erzeugende

$$F_2(q_i, P_i; t) = \sum_{i=1}^{s} Q_i(q_j; t) P_i \qquad (9.97)$$

mit

$$p_i = \frac{\partial F_2}{\partial q_i} = \sum_{k=1}^{s} \frac{\partial Q_k}{\partial q_i}(q_j; t) P_k \qquad (9.98)$$

und

$$Q_i = \frac{\partial F_2}{\partial P_i} = \sum_{k=1}^{s} \frac{\partial P_k}{\partial P_i}(q_j; t) Q_k. \qquad (9.99)$$

Als **Beispiel** betrachten wir zum Abschluß wieder den harmonischen Oszillator,

$$H(q, p) = \frac{p^2}{2m} + \frac{m}{2}\omega_0^2 q^2, \qquad (9.100)$$

und untersuchen die kanonische Transformation, die von der Erzeugenden

$$F_1(q, Q) = \frac{m}{2}\omega_0 q^2 \cot(Q) \qquad (9.101)$$

generiert wird. Wir erhalten dann nach Tab. 9.1

$$p = \frac{\partial F_1}{\partial q} = m\omega_0 q \cot(Q); \qquad P = -\frac{\partial F_1}{\partial Q} = \frac{m\omega_0 q^2}{2\sin^2(Q)} \quad \text{oder} \quad q^2 = \frac{2P \sin^2(Q)}{m\omega_0}. \qquad (9.102)$$

Durch einfaches Umformen ergibt sich dann:

$$p = m\omega_0 q \frac{\cos(Q)}{\sin(Q)} = m\omega_0 \frac{\cos(Q)}{\sin(Q)} \sqrt{\frac{2P}{m\omega_0}} \sin(Q) = \sqrt{2Pm\omega_0} \cos(Q) = p(P, Q). \qquad (9.103)$$

$$q = \frac{p \sin(Q)}{m\omega_0 \cos(Q)} = \sqrt{2Pm\omega_0} \cos(Q) \frac{\sin(Q)}{m\omega_0 \cos(Q)} = \sqrt{\frac{2P}{m\omega_0}} \sin(Q) = q(P, Q). \qquad (9.104)$$

Die Hamiltonfunktion $H'(Q, P)$ ist in den neuen Koordinaten gegeben durch:

$$H'(Q, P) = H(q(P, Q), p(Q, P)) = \frac{p^2}{2m} + \frac{m}{2}\omega_0^2 q^2$$

$$= \frac{2Pm\omega_0 \cos^2(Q)}{2m} + \frac{m}{2}\omega_0^2 \frac{2P}{m\omega_0}\sin^2(Q) = P\omega_0\cos^2(Q) + P\omega_0\sin^2(Q) = P\omega_0, \tag{9.105}$$

und die Bewegungsgleichungen in den Koordinaten P, Q sind:

$$\dot{P} = -\frac{\partial H'}{\partial Q} = 0 \qquad \dot{Q} = \frac{\partial H'}{\partial P} = \omega_0. \tag{9.106}$$

Diese Bewegungsgleichungen zeigen unmittelbar, daß $P = H'/\omega_0 = P_0$ eine Konstante der Bewegung ist, welche proportional zur Energie $E = H'$ ist. Andererseits folgt aus der 2. Gleichung sofort die Lösung für die Winkelvariable

$$Q(t) = \omega_0 t + \alpha, \tag{9.107}$$

wobei α eine beliebige Phase bezeichnet, die durch Anfangsbedingungen zu spezifizieren ist. Die Lösung ist vollständig, wenn wir noch die Ergebnisse für P und $Q(t)$ in die Transformationsformeln (9.103), (9.104) einsetzen:

$$q(t) = \sqrt{\frac{2P_0}{m\omega_0}}\sin(\omega_0 t + \alpha), \tag{9.108}$$

$$p(t) = \sqrt{2P_0 m\omega_0}\cos(\omega_0 t + \alpha). \tag{9.109}$$

Die von der Erzeugenden F_1 (9.101) induzierte Variablen-Transformation erlaubt also eine einfache Lösung des Oszillatorproblems.

9.4.3 Kanonische Invarianten

Als **kanonische Invarianten** bezeichnen wir solche Größen, welche sich nicht unter kanonischen Transformationen ändern. Bisher haben wir als Beispiele die Invarianz der Hamiltonfunktion H unter – nicht explizit zeitabhängigen – kanonischen Transformationen kennengelernt sowie die Forminvarianz der Hamilton'schen Bewegungsgleichungen. Wir zeigen nun generell, daß die Formulierung der Dynamik mit Hilfe der Poisson-Klammern (9.4) – bei zeitunabhängigen Transformationen – kanonisch invariant formuliert werden kann. Wir beginnen mit der

Invarianz der fundamentalen Poisson-Klammern
Seien (q_i, p_i) und (Q_j, P_j) zwei kanonisch konjugierte Variablensätze, für die jeweils die Hamilton'schen Bewegungsgleichungen gelten mit

$$H'(Q_j, P_j) = H(q_i(Q_j, P_j), p_i(Q_j, P_j)). \quad (9.110)$$

Dann gelten:

$$\{Q_i, Q_j\}_{p,q} = 0; \quad \{P_i, P_j\}_{p,q} = 0; \quad \{Q_i, P_j\}_{p,q} = \delta_{ij}. \quad (9.111)$$

Zum Beweis von (9.111) bilden wir die Zeitableitung von Q_i,

$$\dot{Q}_i = \sum_{k=1}^{s}\left(\frac{\partial Q_i}{\partial q_k}\dot{q}_k + \frac{\partial Q_i}{\partial p_k}\dot{p}_k\right) = \sum_{k=1}^{s}\left(\frac{\partial Q_i}{\partial q_k}\frac{\partial H}{\partial p_k} - \frac{\partial Q_i}{\partial p_k}\frac{\partial H}{\partial q_k}\right)$$

$$= \sum_{k,l=1}^{s}\left(\frac{\partial Q_i}{\partial q_k}\left[\frac{\partial H'}{\partial Q_l}\frac{\partial Q_l}{\partial p_k} + \frac{\partial H'}{\partial P_l}\frac{\partial P_l}{\partial p_k}\right] - \frac{\partial Q_i}{\partial p_k}\left[\frac{\partial H'}{\partial Q_l}\frac{\partial Q_l}{\partial q_k} + \frac{\partial H'}{\partial P_l}\frac{\partial P_l}{\partial q_k}\right]\right)$$

$$= \sum_{k,l=1}^{s}\left(\frac{\partial H'}{\partial Q_l}\left[\frac{\partial Q_i}{\partial q_k}\frac{\partial Q_l}{\partial p_k} - \frac{\partial Q_i}{\partial p_k}\frac{\partial Q_l}{\partial q_k}\right] + \frac{\partial H'}{\partial P_l}\left[\frac{\partial Q_i}{\partial q_k}\frac{\partial P_l}{\partial p_k} - \frac{\partial Q_i}{\partial p_k}\frac{\partial P_l}{\partial q_k}\right]\right)$$

$$= \sum_{l=1}^{s}\left(-\dot{P}_l\{Q_i, Q_l\}_{p,q} + \dot{Q}_l\{Q_i, P_l\}_{p,q}\right) = \dot{Q}_i. \quad (9.112)$$

Folglich muß gelten:

$$\{Q_i, Q_l\}_{p,q} = 0; \qquad \{Q_i, P_l\}_{p,q} = \delta_{il}. \quad (9.113)$$

Der noch fehlende Beweis für $\{P_i, P_l\}_{p,q} = 0$ folgt aus der analogen Berechnung für $\dot{P}_i$.

Invarianz allgemeiner Poisson-Klammern

Wir wollen nun zeigen, daß der Wert einer Poisson-Klammer unabhängig ist von dem – als Basis – verwendeten Satz kanonischer Koordinaten. Dazu betrachten wir zwei beliebige Phasenraumfunktionen F und G und zwei Sätze kanonischer Variabler (q_i, p_i) und (Q_j, P_j) mit

$$\begin{pmatrix} q_l \\ p_l \end{pmatrix} = \begin{pmatrix} q_l(Q_j, P_j) \\ p_l(Q_j, P_j) \end{pmatrix}, \qquad \begin{pmatrix} Q_l \\ P_l \end{pmatrix} = \begin{pmatrix} Q_l(q_j, p_j) \\ P_l(q_j, p_j) \end{pmatrix}. \quad (9.114)$$

Für die Poisson-Klammer von F und G in den Variablen q, p folgt dann:

$$\{F, G\}_{p,q} = \sum_{j=1}^{s}\left(\frac{\partial F}{\partial q_j}\frac{\partial G}{\partial p_j} - \frac{\partial F}{\partial p_j}\frac{\partial G}{\partial q_j}\right)$$

9.4 Erweiterte kanonische Transformationen

$$= \sum_{j,l=1}^{s} \left(\frac{\partial F}{\partial q_j} \left[\frac{\partial G}{\partial Q_l} \frac{\partial Q_l}{\partial p_j} + \frac{\partial G}{\partial P_l} \frac{\partial P_l}{\partial p_j} \right] - \frac{\partial F}{\partial p_j} \left[\frac{\partial G}{\partial Q_l} \frac{\partial Q_l}{\partial q_j} + \frac{\partial G}{\partial P_l} \frac{\partial P_l}{\partial q_j} \right] \right)$$

$$= \sum_{l=1}^{s} \left(\frac{\partial G}{\partial Q_l} \{F, Q_l\}_{p,q} + \frac{\partial G}{\partial P_l} \{F, P_l\}_{p,q} \right). \tag{9.115}$$

Zwei Zwischenergebnisse, die aus (9.115) unmittelbar folgen, sind:
i) Für $F = Q_k$ folgt unter Ausnutzung der fundamentalen Poisson-Klammern

$$\{G, Q_k\}_{q,p} = -\frac{\partial G}{\partial P_k}. \tag{9.116}$$

ii) Für $F = P_k$ ergibt sich analog

$$\{G, P_k\}_{q,p} = \frac{\partial G}{\partial Q_k}. \tag{9.117}$$

Setzen wir (9.116) und (9.117) in (9.115) ein, so ergibt sich die Invarianz der Poisson-Klammer unter kanonischen Transformationen, da F und G beliebig gewählt waren:

$$\{F, G\}_{q,p} = \sum_{l=1}^{s} \left(\frac{\partial G}{\partial Q_l} \left[-\frac{\partial F}{\partial P_l} \right] + \frac{\partial G}{\partial P_l} \left[\frac{\partial F}{\partial Q_l} \right] \right) = \{F, G\}_{P,Q}. \tag{9.118}$$

Wir können also die Indizes an den Poisson-Klammern, welche die Basis-Variablen verdeutlichen, weiterhin einfach weglassen.

9.4.4 Kriterien für kanonische Transformationen

In der Praxis stellt sich oft die Frage, ob eine bestimmte Transformation kanonisch ist oder nicht. Diese Frage läßt sich häufig nicht einfach beantworten, wenn die zugehörige explizite erzeugende Funktion nicht bekannt ist. Zur praktischen Überprüfung ist dagegen der folgende Satz von großer Hilfe:

> **Eine erweiterte Transformation (9.48) ist genau dann kanonisch, wenn die fundamentalen Poisson-Klammern in den neuen Variablen erfüllt sind,** d. h.
>
> $$\{Q_i, Q_j\} = 0 = \{P_i, P_j\}; \qquad \{Q_i, P_j\} = \delta_{ij}. \qquad (9.119)$$

Wir führen den Beweis für nicht explizit zeitabhängige Transformationen, d. h. für verschwindende explizite Zeitableitung der Erzeugenden $\partial F_k/\partial t = 0$, durch, so daß wiederum gilt:

$$H(q_i, p_i) = H'(Q_j, P_j) = H(q_i(Q_j, P_j), p_i(Q_j, P_j)). \qquad (9.120)$$

Da nach Abschn. 9.4.3 die Poisson-Klammern invariant sind unter kanonischen Transformationen, wählen wir der Einfachheit halber die Variablen q_i, p_i. Für die Zeitableitung von Q_j und P_j gilt dann:

$$\dot{Q}_j = \{Q_j, H\}_{q,p} = \sum_{l=1}^{s} \left(\frac{\partial Q_j}{\partial q_l} \frac{\partial H}{\partial p_l} - \frac{\partial Q_j}{\partial p_l} \frac{\partial H}{\partial q_l} \right), \qquad (9.121)$$

$$\dot{P}_j = \{P_j, H\}_{q,p} = \sum_{l=1}^{s} \left(\frac{\partial P_j}{\partial q_l} \frac{\partial H}{\partial p_l} - \frac{\partial P_j}{\partial p_l} \frac{\partial H}{\partial q_l} \right). \qquad (9.122)$$

Die partielle Ableitungen der Hamiltonfunktion lassen sich weiterhin wie folgt umschreiben:

$$\frac{\partial H}{\partial p_l} = \sum_{k=1}^{s} \left(\frac{\partial H'}{\partial Q_k} \frac{\partial Q_k}{\partial p_l} + \frac{\partial H'}{\partial P_k} \frac{\partial P_k}{\partial p_l} \right). \qquad (9.123)$$

$$\frac{\partial H}{\partial q_l} = \sum_{k=1}^{s} \left(\frac{\partial H'}{\partial Q_k} \frac{\partial Q_k}{\partial q_l} + \frac{\partial H'}{\partial P_k} \frac{\partial P_k}{\partial q_l} \right). \qquad (9.124)$$

Wir setzen (9.123) und (9.124) in Gl. (9.121) ein,

$$\dot{Q}_j = \{Q_j, H\}_{q,p} = \sum_{l,k=1}^{s} \left(\frac{\partial Q_j}{\partial q_l} \left(\frac{\partial H'}{\partial Q_k} \frac{\partial Q_k}{\partial p_l} + \frac{\partial H'}{\partial P_k} \frac{\partial P_k}{\partial p_l} \right) \right.$$
$$\left. - \frac{\partial Q_j}{\partial p_l} \left(\frac{\partial H'}{\partial Q_k} \frac{\partial Q_k}{\partial q_l} + \frac{\partial H'}{\partial P_k} \frac{\partial P_k}{\partial q_l} \right) \right), \qquad (9.125)$$

und fassen zusammen zu:

$$\dot{Q}_j = \{Q_j, H\}_{q,p} = \sum_{k=1}^{s} \left(\frac{\partial H'}{\partial Q_k} \{Q_j, Q_k\}_{q,p} + \frac{\partial H'}{\partial P_k} \{Q_j, P_k\}_{q,p} \right). \qquad (9.126)$$

Auf gleiche Weise findet man mit (9.122):

$$\dot{P}_j = \{P_j, H\}_{q,p} = \sum_{k=1}^{s}\left(-\frac{\partial H'}{\partial Q_k}\{Q_k, P_j\}_{q,p} + \frac{\partial H'}{\partial P_k}\{P_j, P_k\}_{q,p}\right). \tag{9.127}$$

Die Hamilton'schen Bewegungsgleichungen

$$\dot{Q}_j = \frac{\partial H'}{\partial P_j}, \qquad \dot{P}_j = -\frac{\partial H'}{\partial Q_j} \tag{9.128}$$

gelten also genau dann, wenn die fundamentalen Poisson-Klammern (9.119) in den neuen Variablen erfüllt sind (q. e. d.).

Die Formulierung der Newton'schen Dynamik in Form von Poisson-Klammern, welche invariant unter kanonischen Transformation sind und **konjugierte Variable** über die fundamentalen Poisson-Klammern (9.119) festlegen, erlaubt einen einfachen Übergang zur **Quantenmechanik**.

9.5 Theorem von Liouville

Das **Theorem von Liouville** bietet weiterhin einen eleganten Einstieg in the **statistische Mechanik**. Um den Zustand eines Systems von Teilchen als Punkt im Phasenraum festlegen zu können, muß man die Anfangsbedingungen zur Lösung der kanonischen Gleichungen exakt kennen, was für Systeme mit sehr vielen Teilchen ($N \sim 10^{23}$) praktisch unmöglich ist. Als eine weniger genaue (für viele Fragen dennoch ausreichende) Zustandsbeschreibung bietet sich dann die Angabe der **Wahrscheinlichkeit** $\rho(q_i, p_i; t)$ an, mit der das System sich zur Zeit t am Punkt (q_i, p_i) im Phasenraum befindet. Kennt man $\rho(q_i, p_i; t)$, so kann man den **Erwartungswert** einer Observablen G als Mittelwert berechnen:

$$<G> = \int \rho(q_i, p_i; t)\, G(q_i, p_i; t) \prod_i dq_i dp_i \tag{9.129}$$

mit der Normierung

$$\int \rho(q_i, p_i; t) \prod_i dq_i dp_i = 1. \tag{9.130}$$

Wenn die mittleren quadratischen Abweichungen $\Delta G^2 = <G^2> - <G>^2$ hinreichend klein sind (was für große Teilchenzahlen in der Regel der Fall ist), kann man den Mittelwert (9.129) mit dem makroskopischen Meßwert identifizieren.

Der Veranschaulichung von ρ dient in der statistischen Mechanik das Konzept des **Ensembles:** Man ersetzt das tatsächliche System, dessen Anfangsbedingungen man ungenau (oder unvollständig) kennt, durch einen Satz vieler gleichartiger Systeme (Ensemble) mit verschiedenen, aber jeweils genau spezifizierten Anfangsbedingungen, in Einklang mit den makroskopischen Kenntnissen über das tatsächliche System. Jedes Mitglied des Ensembles wird im Phasenraum durch einen Punkt repräsentiert, das Ensemble also durch einen ‚Schwarm' von Punkten im Phasenraum, deren Verteilung durch die Wahrscheinlichkeit ρ bestimmt ist.

Aus dieser Vorstellung folgt die **Liouville-Gleichung** für die Verteilungsfunktion ρ:

$$\frac{d\rho}{dt} = \{\rho, H\} + \frac{\partial \rho}{\partial t} = 0. \tag{9.131}$$

Zur Erläuterung von (9.131) benutzen wir die kanonischen Gleichungen, womit wir

$$\{\rho, H\} = \sum_i \left(\frac{\partial \rho}{\partial q_i} \dot{q}_i + \frac{\partial \rho}{\partial p_i} \dot{p}_i \right) \tag{9.132}$$

nach der Definition (9.4) erhalten. Da nun

$$\rho \sum_i \left(\frac{\partial \dot{q}_i}{\partial q_i} + \frac{\partial \dot{p}_i}{\partial p_i} \right) = \rho \sum_i \left(\frac{\partial^2 H}{\partial q_i \partial p_i} - \frac{\partial^2 H}{\partial p_i \partial q_i} \right) = 0, \tag{9.133}$$

wird

$$\{\rho, H\} = \sum_i \left(\frac{\partial}{\partial q_i}(\rho \dot{q}_i) + \frac{\partial}{\partial p_i}(\rho \dot{p}_i) \right), \tag{9.134}$$

also

$$\sum_i \left(\frac{\partial}{\partial q_i}(\rho \dot{q}_i) + \frac{\partial}{\partial p_i}(\rho \dot{p}_i) \right) + \frac{\partial \rho}{\partial t} = 0 \tag{9.135}$$

auf Grund von (9.131).

Gl. (9.135) kann nun als **Kontinuitätsgleichung im Phasenraum** verstanden werden,

$$\frac{\partial \rho}{\partial t} + div(\rho \vec{v}) = 0 \tag{9.136}$$

mit

$$\vec{v} = \begin{pmatrix} \dot{q}_i \\ \dot{p}_i \end{pmatrix} \tag{9.137}$$

als **Geschwindigkeit** im Phasenraum und

$$div = \left(\frac{\partial}{\partial q_i}, \frac{\partial}{\partial p_i} \right). \tag{9.138}$$

Das in (9.131), (9.135) oder (9.136) ausgesprochene **Liouville Theorem** läßt sich dann – analog zur Ladungserhaltung in der Elektrodynamik – als Erhaltung der Zahl der das

9.5 Theorem von Liouville

Ensemble repräsentierenden Punkte im Phasenraum verstehen: laut (9.136) kann sich die Zahl der Punkte in einem bestimmten Bereich V_{Ph} des Phasenraumes nur dadurch ändern, daß Punkte des ‚Schwarms' hinein- bzw. herauswandern.

Von besonderem Interesse für die Gleichgewichtsthermodynamik ist der Fall einer **stationären Verteilung,**

$$\frac{\partial \rho}{\partial t} = 0, \tag{9.139}$$

wofür

$$\{\rho, H\} = 0 \tag{9.140}$$

wird. Wichtige Lösungen von (9.140) sind:

$$\rho = \delta(H - E), \tag{9.141}$$

was als **mikrokanonisches Ensemble** bezeichnet wird, wo die Gesamtenergie des Systems genau bekannt ist. Falls nur der Mittelwert (9.129) der Energie $<H>$ aufgrund einer Wechselwirkung mit einem **Wärmebad** bekannt ist, wird ρ zu

$$\rho = \exp(-H/(k_B T)), \tag{9.142}$$

was als **kanonisches Ensemble** bezeichnet wird. In (9.142) kann T dann mit der phänomenologischen Temperatur des Systems identifiziert werden, während k_B die Boltzmann-Konstante bezeichnet.

Neben dem mikrokanonischen und dem kanonischen Ensemble treten in der statistischen Physik noch weitere Ensemble auf, die jeweils dadurch charakterisiert werden, ob eine thermodynamische Observable **exakt** oder **nur im Mittel** erhalten ist. Bei sehr großen Teilchenzahlen spielen diese Unterscheidungen keine Rolle, sind jedoch von großer Bedeutung für die **Quantenstatistik,** in welcher die **thermodynamischen Potentiale** – ähnlich den erzeugenden Funktionen $F_1, .., F_4$ – auseinander durch Legendre-Transformationen hervorgehen.

Zusammenfassend haben wir in diesem Kapitel die Dynamik in Phasenraum-Variablen formuliert, d. h. in verallgemeinerten Koordinaten und verallgemeinerten Impulsen. In diesem Fall wird die zeitliche Entwicklung einer beobachtbaren Größe, die nicht explizit von der Zeit abhängt, durch Poisson-Klammern beschrieben, welche durch die Ableitung der beobachtbaren Größe und der Hamilton-Funktion in Bezug auf die Phasenraum-Variablen bestimmt werden. Die elementare Poisson-Klammer zwischen verallgemeinerten Koordinaten und verallgemeinerten Impulsen wurde als Eins für assoziierte Paare gezeigt, und ihre zeitliche Entwicklung wird durch die Poisson-Klammer mit der Hamilton-Funktion, d. h. durch die kanonischen Bewegungsgleichungen, beschrieben. Die Poisson-Klammern ermöglichen somit eine algebraische Formulierung der Dynamik.

Zudem haben wir bewiesen, dass Punkttransformationen und erweiterte kanonische Transformationen zwischen den verallgemeinerten Koordinaten und Impulsen die Bewegungsgleichungen kanonisch invariant halten. Außerdem wurde gezeigt, dass die elementaren Poisson-Klammern gegenüber kanonischen Transformationen invariant sind, so daß eine Formulierung der klassischen Mechanik erreicht werden konnte, die unabhängig von der Wahl der verallgemeinerten Koordinaten ist. Dies ebnet den Weg zur Quantenmechanik, in der die Poisson-Klammern durch Kommutatoren von Operatoren in einem abstrakten Hilbertraum ersetzt werden. Die algebraische Formulierung führt auch zu einer stringenten Formulierung der statistischen Mechanik, bei der das physikalische System – im Gleichgewicht – durch Gesamtheiten (Ensembles) beschrieben wird, deren Eigenschaften durch Erwartungswerte erhaltener Größen definiert sind.

Anhänge 10

Inhaltsverzeichnis

10.1 Relativistische Mechanik 191
    10.1.1 Lagrange-Funktion für ein relativistisches Teilchen 192
    10.1.2 Hamilton-Funktion für ein relativistisches Teilchen 193
10.2 Kontinuumsmechanik 193
    10.2.1 Lagrange-Funktion für die schwingende Saite 193
    10.2.2 Hamilton-Funktion für die schwingende Saite 195
10.3 Numerische Verfahren 196
    10.3.1 Differentiation 196
    10.3.2 Integration 197
    10.3.3 Gewöhnliche Differentialgleichungen 198

In diesen Anhängen werden einige nützliche Erweiterungen vorgestellt: Die Lagrange- und Hamilton-Funktionen für relativistische Systeme sowie für die Kontinuumsmechanik. Abschließend stellen wir numerische Algorithmen zur Differentiation und Integration sowie zur numerischen Lösung eines Systems von Differentialgleichungen vor.

10.1 Relativistische Mechanik

Am Beispiel der relativistischen Behandlung eines geladenen Teilchens wollen wir zeigen, wie Lagrange- und Hamilton-Formalismus sich auf andere Gebiete der Physik übertragen lassen.

10.1.1 Lagrange-Funktion für ein relativistisches Teilchen

Wir suchen nach einer Lagrange-Funktion, die die Bewegungsgleichung

$$\frac{d}{dt}(m(v)\vec{v}) = \vec{F} \tag{10.1}$$

mit

$$m(v) = \gamma(v)m_0 = \frac{m_0}{\sqrt{1 - v^2/c^2}} \tag{10.2}$$

und

$$\vec{F} = q(\vec{E} + (\vec{v} \times \vec{B})) \tag{10.3}$$

für den Fall der Lorentzkraft reproduziert. Dabei sollen die fundamentalen Beziehungen der Lagrange-Mechanik,

$$p_i = \frac{\partial L}{\partial v_i}, \tag{10.4}$$

für die generalisierten Impulse (10.4) sowie die Lagrange–Gleichungen,

$$\frac{d}{dt}\left(\frac{\partial L}{\partial v_i}\right) = \frac{\partial L}{\partial x_i}, \tag{10.5}$$

erhalten bleiben. Da sich gegenüber dem nichtrelativistischen Fall nur (10.2) ändert, liegt es nahe anzusetzen:

$$L = \tilde{T} - q\Phi + q\vec{v} \cdot \vec{A}, \tag{10.6}$$

wobei $\tilde{T}$ so aufgebaut sein muß, daß

$$\frac{\partial \tilde{T}}{\partial v_i} = m(v)v_i \tag{10.7}$$

gilt. Die Lösung ist (bis auf eine Integrationskonstante)

$$\tilde{T} = -m_0c^2\sqrt{1 - v^2/c^2} = -\frac{m_0c^2}{\gamma(v)}, \tag{10.8}$$

offensichtlich verschieden von der kinetischen Energie

$$T = \frac{m_0c^2}{\sqrt{1 - v^2/c^2}} - m_0c^2 = m_0c^2(\gamma(v) - 1). \tag{10.9}$$

Setzt man (10.8), (10.6) in (10.5) ein, so erhält man – wie gewünscht – die Gl. (10.1)–(10.3).

10.1.2 Hamilton-Funktion für ein relativistisches Teilchen

Die Hamilton-Funktion erweist sich als identisch mit der Energie:

$$H = \sum_i v_i p_i + m_0 c^2 \sqrt{1 - v^2/c^2} + q\Phi - q \sum_i v_i A_i =$$

$$\frac{m_0 v^2}{\sqrt{1 - v^2/c^2}} + m_0 c^2 \sqrt{1 - v^2/c^2} + q\Phi = T + q\Phi + m_0 c^2 = E, \qquad (10.10)$$

da

$$p_i = \frac{\partial L}{\partial v_i} = m(v) v_i + q A_i. \qquad (10.11)$$

10.2 Kontinuumsmechanik

10.2.1 Lagrange-Funktion für die schwingende Saite

Wir gehen aus von einer (langen) linearen Kette von Massenpunkten (siehe Abb. 10.1), deren Lagrange-Funktion für harmonische Kräfte bei Beschränkung auf Nächste-Nachbar-Wechselwirkung lautet:

$$L = \frac{m}{2} \sum_i \dot{q}_i^2 - \frac{k}{2} \sum_i (q_{i+1} - q_i)^2. \qquad (10.12)$$

Dabei sind die generalisierten Koordinaten q_i die Auslenkungen der Teilchen aus der Gleichgewichtslage, $\dot{q}_i$ die zugehörigen generalisierten Geschwindigkeiten (Abb. 10.1).

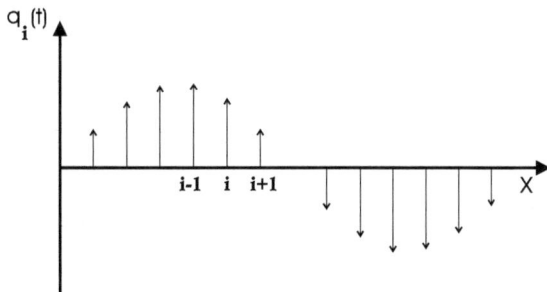

Abb. 10.1 Illustration der Schwingung einer linearen Kette von Massenpunkten mit gleichem Abstand

Aus (10.12) ergeben sich die bekannten Bewegungsgleichungen gekoppelter, harmonischer Oszillatoren:
$$m\ddot{q}_i - k(q_{i+1} - q_i) + k(q_i - q_{i-1}) = 0. \tag{10.13}$$

Für den **Grenzübergang zum Kontinuum** (siehe Abb. 10.2) formen wir (10.13) um mit $\mu = m/a$ und $\kappa = ka$:
$$L = \sum_i \left(\frac{\mu}{2} \dot{q}_i^2 - \kappa \frac{(q_{i+1} - q_i)^2}{2a^2} \right) a = \sum_i a L_i \tag{10.14}$$

und ersetzen (im Limes $a \to 0$)
$$i \to x; \quad \sum_i \ldots \to \int dx \ldots; \quad q_i \to \psi(x;t); \quad \dot{q}_i \to \frac{\partial \psi}{\partial t}; \quad \frac{1}{a}(q_{i+1} - q_i) \to \frac{\partial \psi}{\partial x}. \tag{10.15}$$

Dann wird
$$L = \frac{1}{2} \int \left(\mu \left(\frac{\partial \psi}{\partial t}\right)^2 - \kappa \left(\frac{\partial \psi}{\partial x}\right)^2 \right) dx = \int \mathcal{L}\, dx. \tag{10.16}$$

Lassen wir zu, daß im allg.
$$\mathcal{L} = \mathcal{L}(\psi, \frac{\partial \psi}{\partial t}, \frac{\partial \psi}{\partial x}; t), \tag{10.17}$$

so folgt aus dem (verallgemeinerten) Hamilton'schen Variationsprinzip,
$$\int \int \mathcal{L}(\psi, \frac{\partial \psi}{\partial t}, \frac{\partial \psi}{\partial x}; t)\, dx dt = \text{Extremum}, \tag{10.18}$$

für die zugehörigen Euler'schen Gleichungen:

Abb. 10.2 Illustration einer schwingenden Seite im Kontinuumslimes

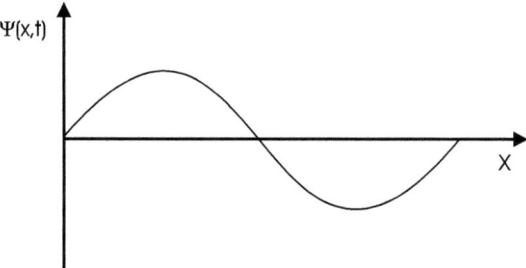

$$\frac{\partial}{\partial t}\left(\frac{\partial \mathcal{L}}{\partial(\frac{\partial \psi}{\partial t})}\right) + \frac{\partial}{\partial x}\left(\frac{\partial \mathcal{L}}{\partial(\frac{\partial \psi}{\partial x})}\right) = \frac{\partial \mathcal{L}}{\partial \psi}, \qquad (10.19)$$

analog zu

$$\frac{d}{dt}\left(\frac{\partial L}{\partial \dot{q}_i}\right) = \frac{\partial L}{\partial q_i}. \qquad (10.20)$$

Speziell im obigen Fall (10.16) erhält man aus (10.19) die Schwingungsgleichung

$$\left(\frac{\partial \psi}{\partial x}\right)^2 - \frac{\mu}{\kappa}\left(\frac{\partial \psi}{\partial t}\right)^2 = 0. \qquad (10.21)$$

10.2.2 Hamilton-Funktion für die schwingende Saite

Anstelle der generalisierten Impulse im diskreten Fall,

$$p_i = \frac{\partial L}{\partial \dot{q}_i}, \qquad (10.22)$$

tritt sinngemäß:

$$\pi(x,t) = \frac{\partial \mathcal{L}}{\partial(\frac{\partial \psi}{\partial t})}, \qquad (10.23)$$

und wir können mit Hilfe der **Lagrange-Dichte** $\mathcal{L}$ eine **Hamilton-Dichte**

$$h = \pi \frac{\partial \psi}{\partial t} - \mathcal{L} \qquad (10.24)$$

definieren. Die Hamilton-Funktion ist dann das räumliche Integral von h:

$$H = \int h\, dx = \int \left(\pi \frac{\partial \psi}{\partial t} - \mathcal{L}\right) dx \qquad (10.25)$$

entsprechend
$$H = \sum_i p_i \dot{q}_i - L \tag{10.26}$$
im diskreten Fall.

Erweiterungen:
1) Die Verallgemeinerung auf 3 räumliche Dimensionen ist einfach:
$$x \to x_l; \qquad \int dx \ldots \to \int dx_1 dx_2 dx_3 \ldots \tag{10.27}$$
und ($l = 1, 2, 3$)
$$\psi(x, t) \to \psi(x_l, t); \qquad \frac{\partial \psi}{\partial x} \to \frac{\partial \psi}{\partial x_l}. \tag{10.28}$$

2.) Im Fall der Elektrodynamik tritt nicht nur 1 Feldfunktion $\psi(\vec{r}, t)$ auf, sondern 4 unabhängige Feldfunktionen, die einen 4-Vektor bilden:
$$(A_\mu(\vec{r}, t)) = \left(\frac{i}{c} \Phi(\vec{r}, t), \vec{A}(\vec{r}, t) \right). \tag{10.29}$$

Die allgemeinen Gleichungen für das Vierer-Feld $A_\mu(\vec{r}, t)$ mit ($\mu = 0, 1, 2, 3$) aufzustellen, ist Gegenstand der **Elektrodynamik.**

10.3 Numerische Verfahren

Zum Abschluß erläutern wir die wichtigsten numerischen Verfahren, die für die Lösung der Probleme in der Mechanik von Bedeutung sind.

10.3.1 Differentiation

Eine Funktion $f_n = f(x_n)$ sei auf einem Gitter mit gleichem Abstand h bekannt, d. h.
$$f_n = f(x_n); \quad x_n = nh; \quad (n = 0, \pm 1, \pm 2, \ldots). \tag{10.30}$$

Um die Ableitung der Funktion $f(x_n)$ an der Stelle $x = 0$ zu berechnen, entwickeln wir f in der Umgebung von x in einer Taylor-Reihe
$$f(x) = f_0 + x f' + \frac{x^2}{2} f'' + \frac{x^3}{3!} f''' + \ldots \tag{10.31}$$

wobei alle Ableitungen an der Stelle $x = 0$ zu berechnen sind. Damit ist die Funktion f an den Gitterpunkten $x_{\pm 1}$ gegeben durch

10.3 Numerische Verfahren

$$f_{\pm 1} = f_0 \pm hf' + \frac{h^2}{2}f'' \pm \frac{h^3}{6}f''' + O(h^4). \tag{10.32}$$

Mit $O(h^4)$ werden dabei Terme der Ordnung h^4 oder höhere Potenzen von h bezeichnet. Weiterhin gilt:

$$f_{\pm 2} = f_0 \pm 2hf' + \frac{4h^2}{2}f'' \pm \frac{8h^3}{6}f''' + O(h^4). \tag{10.33}$$

Nach Subtraktion von f_{-1} von f_1 in (10.32) und Umordnung der Terme gilt:

$$f' = \frac{f_1 - f_{-1}}{2h} - \frac{h^2}{6}f''' + O(h^4), \tag{10.34}$$

wobei der Term $\sim f'''$ für hinreichend kleine h verschwindet. Die Differenzformel

$$f' = \frac{f_1 - f_{-1}}{2h} \tag{10.35}$$

ist exakt, wenn die Funktion f im Interval $[-h, h]$ ein Polynom 2. Grades ist, da höhere Ableitungen verschwinden.

Durch geeignete Kombinationen der Formeln (10.32), (10.33) lassen sich Differenzformeln für höhere Ableitungen angeben. Zum Beispiel sieht man direkt, daß

$$f_1 - 2f_0 + f_{-1} = h^2 f'' + O(h^4) \tag{10.36}$$

gilt. Daraus folgt für die 2. Ableitung von f an der Stelle $x = 0$ mit einer Genauigkeit der Ordnung h^2

$$\frac{f_1 - 2f_0 + f_{-1}}{h^2} \approx f''. \tag{10.37}$$

Für die 3. Ableitung von f in $x = 0$ erhält man

$$\frac{f_2 - 2f_1 + 2f_{-1} - f_{-2}}{2h^3} \approx f'''. \tag{10.38}$$

Bemerkung: Für die Berechnung der Ableitung von f an der Stelle x_n verschiebt man die Argumente in den diskreten Formeln um n.

10.3.2 Integration

Für die Integration einer Funktion $f(x)$ im Intervall $[a, b]$ teilt man das Integral auf:

$$\int_a^b f(x)dx = \int_a^{a+2h} f(x)dx + \int_{a+2h}^{a+4h} f(x)dx + \int_{a+2h}^{a+4h} f(x)dx + \ldots + \int_{b-2h}^{b} f(x)dx. \tag{10.39}$$

Die zugrundeliegende Idee ist nun, die Funktion f innerhalb des Integrationsintervalls $[-h, h]$ durch eine Funktion zu approximieren, die sich leicht exakt integrieren läßt. Die einfachste Funktion ist eine lineare Approximation, welche die **Trapez-Formel**

$$\int_{-h}^{h} f(x)dx = \frac{h}{2}(f_{-1} + 2f_0 + f_1) + O(h^3) \qquad (10.40)$$

liefert. Genauere Integrationsformeln lassen sich wieder aus den Taylor-Entwicklungen (10.32), (10.33) herleiten:

$$f(x) = f_0 + \frac{f_1 - f_{-1}}{2h}x + \frac{f_1 - 2f_0 + f_{-1}}{2h^2}x^2 + O(x^3). \qquad (10.41)$$

Dieser Ausdruck läßt sich elementar integrieren und wir erhalten die **Simpson-Regel**,

$$\int_{-h}^{h} f(x)dx = \frac{h}{3}(f_1 + 4f_0 + f_{-1}) + O(h^5), \qquad (10.42)$$

die um 2 Ordnungen in h genauer ist als (10.40). Mit (10.42) läßt sich das Integral (10.39) approximieren durch:

$$\int_{a}^{b} f(x)dx = \frac{h}{3}[f(a) + 4f(a+h) + 2f(a+2h) + 4f(a+3h)$$

$$+ 2f(a+4h) + 4f(a+5h) + \ldots + 4f(b-h) + f(b)]. \qquad (10.43)$$

Unter Berücksichtigung von höheren Termen in der Taylor-Entwicklung ergibt sich die **Bode-Formel**

$$\int_{x_0}^{x_4} f(x)dx = \frac{2h}{45}(7f_0 + 32f_1 + 12f_2 + 32f_3 + 7f_4) + O(h^7), \qquad (10.44)$$

welche um 2 Ordnungen genauer in h als (10.42) ist, aber auch einen deutlich erhöhten Rechenaufwand impliziert.

10.3.3 Gewöhnliche Differentialgleichungen

Die allgemeinste Form einer gewöhnlichen Differentialgleichung ist ein Satz von $M = 2s$ gekoppelten Gleichungen 1. Ordnung,

$$\frac{d\mathbf{y}}{dt} = f(\mathbf{y}, t), \qquad (10.45)$$

mit einer unabhängigen Variablen t und einem M-dimensionalen Vektor $\mathbf{y} = (y_1, \ldots, y_M)$, wie zum Beispiel die kanonischen Bewegungsgleichungen in der Hamilton-Dynamik. Die

10.3 Numerische Verfahren

Aufgabe besteht nun darin, den Wert von $\mathbf{y}(t)$ zu bestimmen, wenn ein Anfangswert von $\mathbf{y}(t_0) = \mathbf{y}_0$ gegeben ist.

Eine der einfachsten Algorithmen ist die **Euler-Methode,** in der die Gl. (10.45) am Punkt t_n betrachtet und die Ableitung auf der linken Seite durch die Vorwärts-Differenzen-Näherung ersetzt wird:

$$\frac{\mathbf{y}_{n+1} - \mathbf{y}_n}{h} + O(h) = f(\mathbf{y}_n, t_n). \tag{10.46}$$

Damit läßt sich $\mathbf{y}_{n+1}$ durch eine Rekursionsformel aus $\mathbf{y}_n$ berechnen:

$$\mathbf{y}_{n+1} = \mathbf{y}_n + h f(\mathbf{y}_n, t_n) + O(h^2). \tag{10.47}$$

Diese Formel hat einen lokalen Fehler von der Ordnung h^2, da der Fehler der Vorwärts-Differenzen-Formel $O(h)$ beträgt. Der globale Fehler ist dann bei N Integrationsschritten von $t = 0$ bis $t = 1$ von der Ordnung $N O(h^2) \approx O(h)$. Dieser Fehler nimmt nur linear mit der Schrittweite $h = \Delta t$ ab.

Ein anderer Weg um Lösungsverfahren höherer Genauigkeit zu finden, ist es Rekursionsformeln aufzustellen, in denen $\mathbf{y}_{n+1}$ nicht nur mit $\mathbf{y}_n$, sondern auch mit $\mathbf{y}_{n-1}, \mathbf{y}_{n-2}, \mathbf{y}_{n-3}, ..$ verknüpft wird. Um solche Formeln explizit herzuleiten, integrieren wir einen Schritt der Differentialgleichung exakt und erhalten:

$$\mathbf{y}_{n+1} = \mathbf{y}_n + \int_{t_n}^{t_{n+1}} f(\mathbf{y}, t) \, dt. \tag{10.48}$$

Man kann nun die Werte von $\mathbf{y}$ an den Stellen t_n und t_{n-1} benutzen, um eine lineare Extrapolation von f für das gesuchte Integral zu finden:

$$f(\mathbf{y}, t) \approx \frac{t - t_{n-1}}{h} f(\mathbf{y}, t_n) - \frac{t - t_n}{h} f(\mathbf{y}, t_{n-1}) + O(h^2). \tag{10.49}$$

Setzt man (10.49) in (10.48) ein und führt das t-Integral aus, so erhält man die **Zweischrittmethode von Adams-Bashforth:**

$$\mathbf{y}_{n+1} = \mathbf{y}_n + h \left(\frac{3}{2} f_n - \frac{1}{2} f_{n-1} \right) + O(h^2). \tag{10.50}$$

Verwandte Methoden höherer Ordnung kann man dadurch erreichen, daß die f-Extrapolation mit einem Polynom höherer Ordnung durchgeführt wird. Bei Approximation durch ein kubisches Polynom ergibt sich das **Vierschrittverfahren von Adams und Bashforth:**

$$\mathbf{y}_{n+1} = \mathbf{y}_n + \frac{h}{24}(55 f_n - 59 f_{n-1} + 37 f_{n-2} - 9 f_{n-3}) + O(h^4). \tag{10.51}$$

Bei diesen Verfahren reicht die Kenntnis des Anfangswertes allein nicht aus, um die Algorithmen zu starten. Deshalb ist es notwendig, die Werte von $\mathbf{y}$ an den ersten Stützstellen zunächst z. B. mit Hilfe des **Runge-Kutta**-Verfahrens zu berechnen.

Die bisherigen Verfahren sind **explizit,** da sie $\mathbf{y}_{n+1}$ aus den bekannten Werten von $\mathbf{y}_n$ berechnen. **Implizite** Verfahren, bei denen eine Gleichung gelöst werden muß, stellen einen anderen Weg dar um eine höhere Genauigkeit zu erreichen. Als Beispiel führen wir den

Runge-Kutta-Algorithmus zweiter Ordnung auf, der häufig Verwendung findet. Dazu approximieren wir die Funktion f im Integral von (10.48) durch seine Taylor-Entwicklung um die **Mitte des Integrationsintervalls** und erhalten

$$\mathbf{y}_{n+1} = \mathbf{y}_n + hf(\mathbf{y}_{n+1/2}, t_{n+1/2}) + O(h^3). \tag{10.52}$$

Da der Fehlerterm von der Ordnung $O(h^3)$ ist, ist eine Approximation von $f(\mathbf{y}_{n+1/2}, t_{n+1/2})$ der Ordnung $O(h^2)$ gut genug, die von der einfachen Euler-Methode (10.46) geliefert wird. Falls wir nun k als eine intermediäre Approximation für die doppelte Differenz von $\mathbf{y}_{n+1/2}$ und $\mathbf{y}_n$ definieren, so läßt sich mit der folgenden Zweischrittprozedur $\mathbf{y}_{n+1}$ aus $\mathbf{y}_n$ berechnen:

$$k = hf(\mathbf{y}_n, t_n); \qquad \mathbf{y}_{n+1} = \mathbf{y}_n + hf\left(\mathbf{y}_n + \frac{k}{2}, t_n + \frac{h}{2}\right) + O(h^3). \tag{10.53}$$

Der Vorteil des Runge-Kutta Verfahrens besteht darin, daß es keine besonderen Anforderungen an die Funktion f stellt, wie z. B. leichte Differenzierbarkeit oder Linearität in $\mathbf{y}$. Es benutzt ebenfalls nur den Wert von $\mathbf{y}$ an einem einzigen vorhergehenden Punkt, im Gegensatz zu den obigen Mehrschrittverfahren. Gl. (10.53) verlangt allerdings, daß bei jedem Integrationsschritt der Wert von f zweimal berechnet wird.

Runge-Kutta-Algorithmen höherer Ordnung können auf relativ direktem Wege hergeleitet werden. Dazu verwendet man Integrationsformeln höherer Ordnung (siehe Unterkapitel 10.3.2), um das Integral (10.48) durch eine endliche Summe von f-Werten zu ersetzen. Zum Beispiel ergibt die Simpson-Regel:

$$\mathbf{y}_{n+1} = \mathbf{y}_n + \frac{h}{6}[f(\mathbf{y}_n, t_n) + 4f(\mathbf{y}_{n+1/2}, t_{n+1/2}) + f(\mathbf{y}_{n+1}, t_{n+1})] + O(h^5). \tag{10.54}$$

Der Algorithmus wird dadurch komplettiert, daß man sukzessive Näherungen für die $\mathbf{y}$'s mit einer vergleichbaren Genauigkeit in der rechten Seite von (10.54) einsetzt. Ein **Algorithmus dritter Qrdnung** mit einem lokalen Fehler $O(h^4)$ ist dann:

$$k_1 = hf(\mathbf{y}_n, t_n);$$

$$k_2 = hf\left(\mathbf{y}_n + \frac{k_1}{2}, t_n + \frac{h}{2}\right);$$

$$k_3 = hf(\mathbf{y}_n - k_1 + 2k_2, t_n + h);$$

$$\mathbf{y}_{n+1} = \mathbf{y}_n + \frac{1}{6}[k_1 + 4k_2 + k_3] + O(h^4). \tag{10.55}$$

Er basiert auf der Simpson-Formel (10.42) und erfordert eine dreifache Berechnung der Funktionswerte von f pro Integrationsschritt.

Runge-Kutta Algorithmus vierter Ordnung: In der Erfahrung hat sich gezeigt, daß ein Algorithmus vierter Ordnung, welcher 4 Funktionsberechnungen pro Integrationsschritt erfordert, die beste Ausgewogenheit zwischen Genauigkeit und numerischem Aufwand herstellt. Der Algorithmus lautet für 4 Zwischenvariable k_i:

$$k_1 = hf(\mathbf{y}_n, t_n);$$

$$k_2 = hf\left(\mathbf{y}_n + \frac{k_1}{2}, t_n + \frac{h}{2}\right);$$

$$k_3 = hf\left(\mathbf{y}_n + \frac{k_2}{2}, t_n + \frac{h}{2}\right);$$

$$k_4 = hf(\mathbf{y}_n + k_3, t_n + h);$$

$$\mathbf{y}_{n+1} = \mathbf{y}_n + \frac{1}{6}[k_1 + 2k_2 + 2k_3 + k_4] + O(h^5). \tag{10.56}$$

Stichwortverzeichnis

Symbols
Äquipotentialfläche, 84

A
Addition von Vektoren, 13

B
Basis
   des Vektorraums, 16
   kartesische, 17
Basisvektor, 16
Beschleunigung, mittlere, 8
Beschleunigung, momentane, 8
Bewegung
   geradlinig, 8
   geradlinig gleichförmige, 8
   gleichmäßig beschleunigte, 9
   Krummlinig, 9

C
Coriolis-Beschleunigung, 32
Coriolis-Kraft, 32

D
Determinante, 20
Deviationsmoment, 155

E
Eichtransformation, 136
Eigenfrequenz, 91

Einheitsmasse, 41
Energie, potentielle, 59

F
Flächengeschwindigkeit, 53, 54

G
Galilei-Gruppe, 30
Galilei-Transformation, 29
Galileisches Relativitätsprinzip, 28
Geschwindigkeit
   mittlere, 8
   momentane, 8
Gleichungen, kanonische, 140
Gravitationsfeld, 83
Grenzfall, aperiodischen, 89
Gruppe, kommutative, 13

H
Hamilton-Funktion, 140
Hauptträgheitsachse, 156
Hauptträgheitsmoment, 156
holonom, 129

I
Impuls
   generalisierter, 131
   kanonischer, 145
   mechanischer, 145
Impulserhaltung, 49

K
Koordinate, generalisierte, 129
Kräft
  generalisierte, 131
  konservative, 59
Krümmungsradius, 12
Kreisel, schwerer, 162
Kroneckersymbol, 154

L
Lagrange-Funktion, 131
Legendre–Transformation, 140
Lichtkegel, 103
Lorentz-Kontraktion, 107
Lorentz-Kraft, 64
Lorentz-Skalar, 113
Lorentz-Tensor, 115
Lorentz-Transformation, 111
Lorentz-Vektor, 114
Lorentzkraft, 192

M
Masse, reduzierte, 36
Minkowski-Raum, 111

N
Normalkoordinate, 95

P
Phasenraum, 141
Projektion, orthogonale, 17

R
Raum, euklidischer, 15
Reibungskräft, 65
rheonom, 129
Ruhenergie, 118

Ruhesystem, 119

S
Schwerefeldstärke, 81
Schwerpunktsystem, 33, 34
Skalarprodukt, 15
skleronom, 129

T
Theorem von Liouville, 187
Trägheitskräft, 32
Trägheitsmoment, 155
Transformation
  kanonische, 176
  orthogonale, 19

V
Variable, zyklische, 145
Vektor, 12
  linear abhängige, 16
  linear unabhängige, 15
Vektorraum, 16
  reeller, 14

W
Weltlinie, 102
Weltpunkt, 102
Winkelgeschwindigkeit, 22

Z
Zeitdilatation, 108
Zentrifugalbeschleunigung, 32
Zentrifugalkraft, 32
Zentrifugalpotential, 72
Zwangsbedingung, 128
Zwangskräfte, 65, 128

SPRINGER NATURE

Wolfgang Cassing

Theoretische Physik kompakt I

Klassische Mechanik

Dies ist der erste Teil einer Lehrbuchreihe, die speziell für Bachelorstudierende geschrieben wurde

Nötige Mathematik wird an passender Stelle eingeführt und genauso wie die Physik klar erklärt

Alle in den späteren Büchern der Reihe benötigten Informationen sind in den vorherigen in gleicher Notation enthalten

©2025

Erweitern Sie Ihr Wissen und sichern Sie sich jetzt Ihr eBook oder gedrucktes Exemplar

Bestellen Sie hier auf Springer Nature Link

link.springer.com/book/
9783031954153

MIX
Papier aus verantwortungsvollen Quellen
Paper from responsible sources
FSC® C105338

If you have any concerns about our products,
you can contact us on
ProductSafety@springernature.com

In case Publisher is established outside the EU,
the EU authorized representative is:
**Springer Nature Customer Service Center GmbH
Europaplatz 3, 69115 Heidelberg, Germany**

Printed by Libri Plureos GmbH
in Hamburg, Germany